粮改饲—优质青贮行动计划（GEAF）

中国全株玉米青贮质量安全报告
（2023）

全国畜牧总站
中国农业科学院北京畜牧兽医研究所 编

中国农业科学技术出版社

图书在版编目（CIP）数据

中国全株玉米青贮质量安全报告.2023/全国畜牧总站，中国农业科学院北京畜牧兽医研究所编.--北京：中国农业科学技术出版社，2024.9.--ISBN 978-7-5116-6859-2

Ⅰ.S513

中国国家版本馆 CIP 数据核字第 2024CR5318 号

责任编辑	金　迪
责任校对	李向荣
责任印制	姜义伟　王思文

出 版 者	中国农业科学技术出版社
	北京市中关村南大街 12 号　　邮编：100081
电　　话	（010）82106625（编辑室）　　（010）82106624（发行部）
	（010）82109709（读者服务部）
网　　址	https://castp.caas.cn
经 销 者	各地新华书店
印 刷 者	北京地大彩印有限公司
开　　本	210 mm×285 mm　1/16
印　　张	3.25
字　　数	46 千字
版　　次	2024 年 9 月第 1 版　2024 年 9 月第 1 次印刷
定　　价	98.00 元

━━◆ 版权所有·侵权必究 ◆━━

中国全株玉米青贮质量安全报告（2023）

编委会

主　任：辛国昌　李新一
副主任：黄庆生　王加亭　秦玉昌　马　莹
委　员：胡翊坤　张军民　关　龙　齐　晓　卜登攀　张庚武　荆　彪
　　　　巴特尔　郑丽杰　张友良　项明义　卫喜明　汤　洋　姜慧新
　　　　张小玲　蒋　婕　代兴红　张存焕　谭可强　杨毅青　张凌青
　　　　谈　锐　邓生栋

编写人员

主　编：齐　晓　卜登攀　赵连生
副主编：马　露　邵麟惠　陈雅坤　徐　丽
编　者（按姓氏笔画排序）：
　　　　万发春　马　毅　马记成　马甫行　王　典　王小平　王之盛
　　　　王兆凤　王明辉　王欣睿　王建平　王桂英　王根林　王梦芝
　　　　牛俊丽　卢　维　申　军　申军士　司丙文　吉莹利　曲永利
　　　　刘　栋　刘　温　刘云祥　刘光磊　刘迎春　刘鹰昊　闫奎友
　　　　李　霞　李大刚　李龙兴　李明顺　李树聪　杨　鹏　杨　库
　　　　杨红建　杨丽萍　吴　哲　吴兆海　何佩珊　沈旖帆　宋敏艳
　　　　张　帅　张　婷　张　鹏　张大伟　张文举　张巧娥　张幸开
　　　　张佩华　张建勇　张养东　张桂国　张铁战　张海成　陈　帅
　　　　阿里木江·吐尔逊　　　　周　旌　周希梅　周振峰　郑爱荣
　　　　项明义　赵　晔　赵　勐　侯东来　祖晓伟　姚军虎　袁桂英
　　　　耿金才　高　民　高佳佳　高艳霞　郭　玮　郭同军　郭旭生
　　　　郭江鹏　郭丽鲜　黄　晶　黄莉莉　黄鑫茹　脱征军　梁　坤
　　　　梁韵仪　屠　焰　韩　硕　韩吉雨　景春梅　臧长江　瞿明仁

Preface 前 言

粮改饲是党中央深入推进农业供给侧结构性改革的一项重大任务，也是实施"以草代粮"发展草食畜牧业的重要举措，更是推进"增草节粮"夯实粮食安全根基的重要手段。自2015年开展粮改饲试点工作以来，粮改饲政策已推行9年，目前已在21个省区和新疆生产建设兵团实施，取得了显著成效。2023年，完成粮改饲面积2 325万亩，收贮优质饲草约6 850万吨，带动减少牛羊精饲料消耗近1 300万吨。在粮改饲政策支持下，优质饲草供应能力稳步提升，产业素质明显提高，生产模式多元化发展，支撑保障作用有效发挥，综合效益不断显现。

为深入做好粮改饲科技支撑工作，掌握粮改饲省区全株玉米青贮质量安全情况，2023年，受农业农村部委托，全国畜牧总站和中国农业科学院北京畜牧兽医研究所组织实施了粮改饲—优质青贮行动计划（GEAF计划），在粮改饲省区的各级行政主管部门的支持下，以及各级技术推广单位和生产企业的协作下，从种植、调制、评价和利用四个环节推广关键技术，并对全国全株玉米青贮质量安全状况进行综合评价，依托国家畜禽养殖数据中心进行数据采集和分析挖掘，形成了《中国全株玉米青贮质量安全报告（2023）》（以下简称《质量安全报告》），旨在为全国粮改饲相关政策决策提供重要参考依据，帮助各粮改饲省区了解全株玉米青贮质量安全现状，更好地推进粮改饲政策落地落实，推动草食畜牧业高质量发展。据《质量安全报告》结果显示，2023年全国粮改饲省区全株玉米青贮84.0%达到三级及以上水平，其中，21.4%达到一级水平，一级水平同比提高3.8个百分点。但不同地域、不同畜种全株玉米青贮质量之间仍存在明显差距，黄淮海地区全株玉米青贮质量好于西南地区和华南地区，全株玉米青贮质量分级指数（CSQS）分别高11.1%和17.5%，奶牛养殖企业好于肉牛和肉羊养殖企业，CSQS分别高7.2%和13.0%，奶牛养殖规模越大，全株玉米青贮质量越好。

2023年中国全株玉米青贮质量安全报告

（一）草食畜牧业发展概况

近年来，我国草食畜牧业快速发展，牛羊养殖量和规模化养殖比例持续增加。据国家统计部门和农业农村部奶站监测数据统计，2022年全国肉牛、肉羊和奶牛年末存栏分别为8 454.1万头、32 627.3万只和607.2万头，同比增加5.6%、2.1%和8.2%；牛肉、羊肉和牛奶的产量分别为718.3万吨、524.5万吨和3 932.0万吨，同比增加3.0%、2.0%和6.8%。肉牛50头以上规模化养殖比例为34.8%，同比提高1.9个百分点；羊出栏量100只以上规模化养殖比例为46.7%，同比提高2.0个百分点；奶牛存栏100头以上规模化养殖比例为72.0%，同比提高2.0百分点。

（二）全株青贮玉米种植与收贮

随着农业供给侧结构性改革逐步推进和粮改饲政策的带动，全株青贮玉米种植面积呈逐年增长态势。2022年，全国青贮玉米种植面积4 947.8万亩，同比增加5.6%。河北等17个粮改饲政策实施省份收贮全株青贮玉米2 312万亩，同比增加16.5%，占全国青贮玉米种植面积的46.7%，同比提高4.35个百分点；收贮量6 565万吨，同比增加18.4%。

（三）全株玉米青贮质量总体状况[①]

2023年，全国84%的全株玉米青贮质量达到三级及以上水平，其中

[①] 2023年采集的青贮饲料由2022年收获的原料生产加工制作而成。

21.4%达到一级水平，同比提高3.8个百分点，全株玉米青贮质量分级指数平均值为66.0分，同比增加0.2分。全株玉米青贮干物质含量平均值为29.8%，同比提高0.9个百分点；粗蛋白含量平均值为8.6%，同比降低0.3个百分点；淀粉含量平均值为28.7%，同比增加1.2个百分点；粗脂肪含量平均值为4.0%，与上年持平；30小时中洗涤纤维消化率平均值为58.6%，同比下降2.4个百分点；氨含量平均值为0.7%，同比下降0.2个百分点；乳酸含量平均值为4.7%，同比提高0.4个百分点。

（四）全株玉米青贮质量安全概况

2023年，对200个牧场的全株玉米青贮进行霉菌毒素抽检，黄曲霉毒素B_1、玉米赤霉烯酮、呕吐毒素、伏马毒素（B_1+B_2）、赭曲霉毒素A和T-2毒素检出值低于国家标准限量值，未出现超标现象。跟踪评价样品中，赭曲霉毒素A和T-2毒素未检出，而黄曲霉毒素B_1、玉米赤霉烯酮、呕吐毒素、伏马毒素（B_1+B_2）含量平均值分别为0.8μg/kg、66.9μg/kg、813.5μg/kg、490.4μg/kg，同比分别降低27.3%、52.8%、27.6%、6.3%。

Contents 目 录

- 一、中国草食动物养殖现状 1
  - （一）奶牛 1
  - （二）肉牛 2
  - （三）羊 3
- 二、全株玉米青贮种植现状 5
  - （一）玉米种植概况 5
  - （二）粮改饲省区全株玉米青贮收贮概况 6
- 三、全株玉米青贮质量现状 7
  - （一）全株玉米青贮质量总体概况 7
  - （二）不同种植区域全株玉米青贮质量状况 15
  - （三）不同省区全株玉米青贮质量状况 16
  - （四）不同畜种全株玉米青贮质量状况 25
  - （五）不同规模奶牛场全株玉米青贮质量状况 25
  - （六）存在问题 27
  - （七）建议 27

四、全株玉米青贮安全现状 ... 29
（一）全株玉米青贮安全概况 ... 29
（二）不同省区奶牛场全株玉米青贮安全现状 ... 31
（三）存在问题 ... 35
（四）建议 ... 35

五、2024年全株玉米青贮质量安全工作重点 ... 36
（一）持续加强全株玉米青贮质量安全跟踪评价 ... 36
（二）加快实施全株玉米青贮饲料质量分级体系 ... 36
（三）继续加强粮改饲GEAF计划实施，推动草食畜牧业高质量发展 ... 36
（四）构建数字化青贮技术管理平台，促进优质青贮体系的推广应用 ... 37

附件1　缩略符号表 ... 38

附件2　粮改饲—优质青贮行动计划（GEAF计划） ... 39

附件3　中国全株玉米青贮样品的采集与评价指标 ... 41

一、中国草食动物养殖现状

我国牛羊养殖规模化程度和畜产品产量稳步增加，有力促进了青贮饲料发展。据农业农村部奶站监测数据和《中国畜牧兽医统计（2022）》数据，2022年，牛羊等畜产品产量和规模化养殖比重持续增加，牛奶、牛肉和羊肉产量分别达到3 932万吨、718.3万吨和524.5万吨；奶牛存栏100头以上的规模化养殖比例为72.0%，同比提高2.0个百分点，肉牛出栏量50头以上的规模化养殖比例为34.8%，同比提高1.9个百分点，肉羊出栏量100只以上的规模化养殖比例为46.7%，同比提高2.0个百分点。全株玉米青贮作为牛羊等草食动物重要的粗饲料来源，随着规模化养殖比例和管理精细化程度的提高，对于优质青贮饲料的需求将持续增加。

（一）奶牛

奶牛存栏连续增长，单产水平连创新高。据农业农村部奶站监测，2022年，荷斯坦奶牛存栏量为607.2万头，同比增长8.2%；奶牛存栏100头以上的规模化养殖比例为72.0%，同比提高2.0个百分点（图1-1）；牛奶产量达到3 932.0万吨，同比增长6.8%；全国荷斯坦奶牛单产水平逐年提高，平均单产达9.2吨，同比增长5.7%，创我国历史新高（图1-2）。

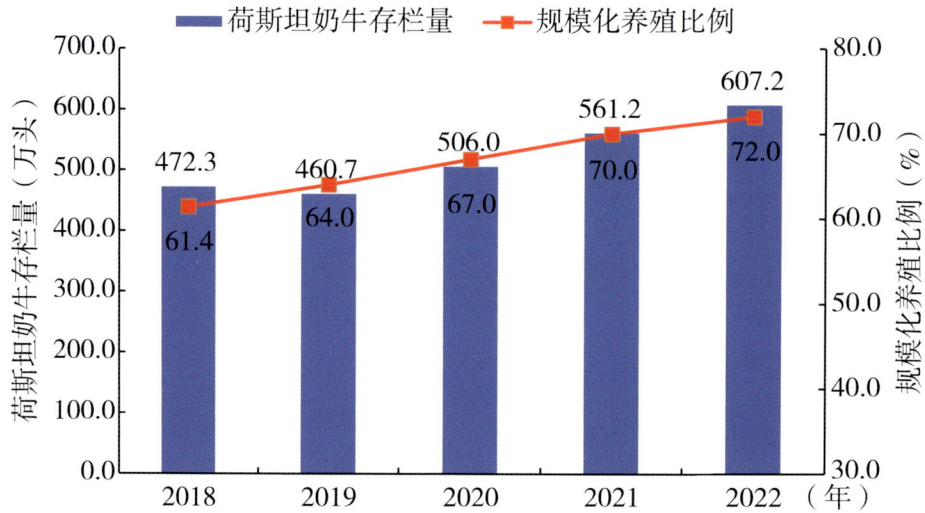

图1-1　2018—2022年全国荷斯坦奶牛存栏量和规模化养殖比例变化情况

（数据来源：《2022年畜牧业发展形势及2023年展望报告》，
农业农村部畜牧兽医局和全国畜牧总站，2023）

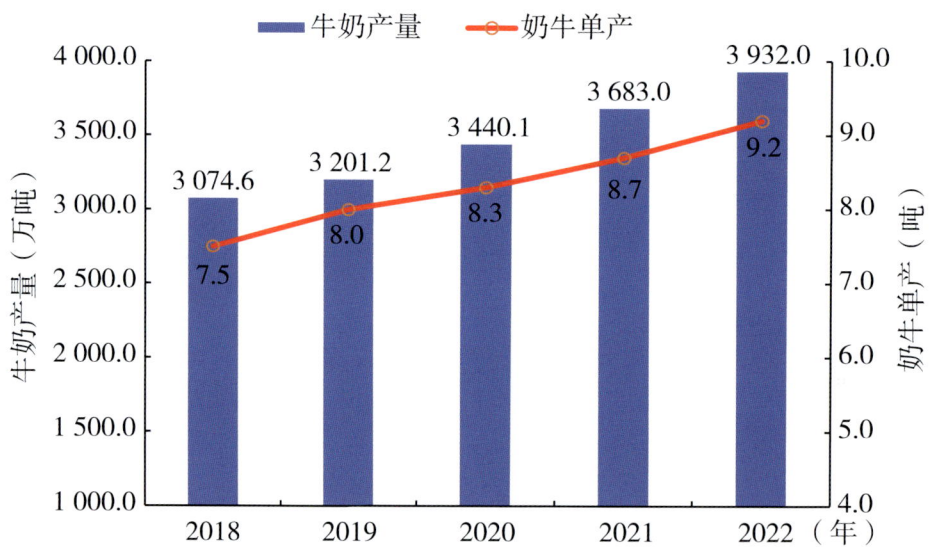

图1-2　2018—2022年全国牛奶产量和荷斯坦奶牛单产变化情况

（数据来源：《2022年畜牧业发展形势及2023年展望报告》，
农业农村部畜牧兽医局和全国畜牧总站，2023）

（二）肉牛

肉牛规模化养殖程度持续提升，牛肉产量保持增长。2022年，我国肉牛存栏量为8 454.1万头，同比提高5.6%，出栏量50头以上的规模化养殖比例为34.8%，同比提高1.9个百分点，比2018年提高8.8个百分点（图1-3）；肉牛2022年末出栏量为4 839.9万头，同比提高2.8%，牛肉产量为718.3万吨，同比增长3.0%（图1-4）。

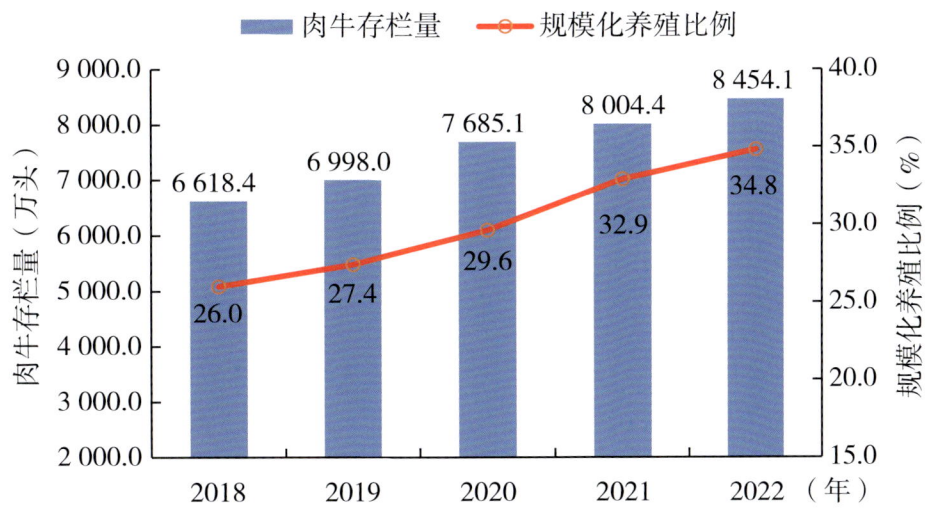

图1-3　2018—2022年全国肉牛存栏量和规模化养殖比例变化情况

（数据来源：《中国畜牧兽医统计（2022）》，农业农村部畜牧兽医局和全国畜牧总站，2023）

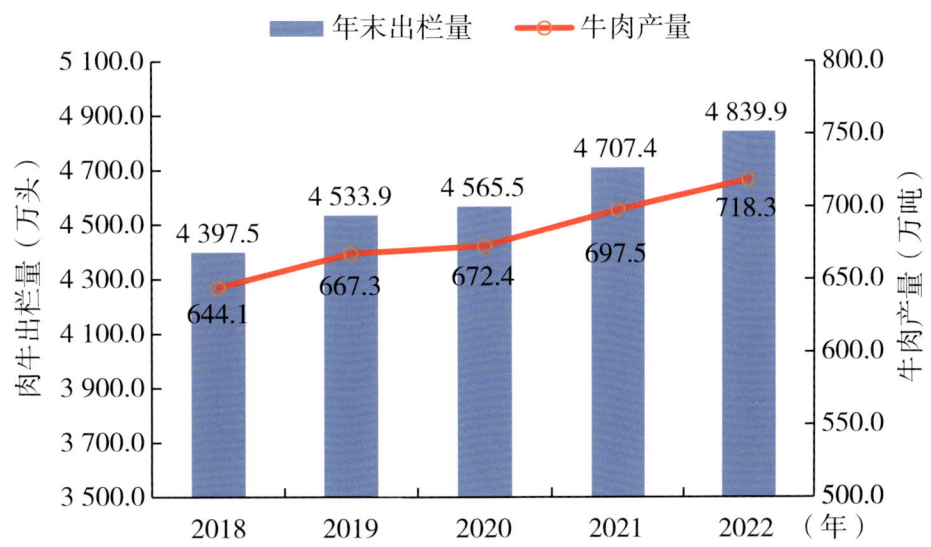

图1-4　2018—2022年全国肉牛年末出栏量和牛肉产量变化情况

（数据来源：《中国畜牧兽医统计（2022）》，农业农村部畜牧兽医局和全国畜牧总站，2023）

（三）羊

规模化养殖程度进一步加快，羊肉产能稳定增长。2022年，我国羊存栏量为32 627.3万只，同比提高2.1%；出栏量100只以上的规模化养殖比例为46.7%，同比提高2.0个百分点，比2018年提高8.7个百分点（图1-5）；羊年末出栏量为33 623.7万只，同比提高1.8%，羊肉产量为524.5万吨，同比增长2.0%，比2018年增长10.4%（图1-6）。

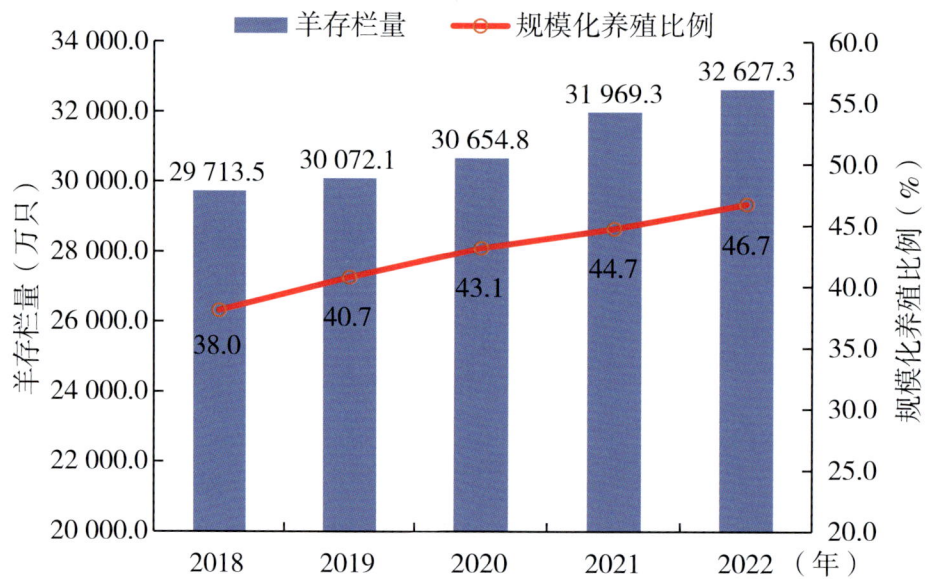

图1-5　2018—2022年全国羊存栏量和规模化养殖比例变化情况

（数据来源：《中国畜牧兽医统计（2022）》，农业农村部畜牧兽医局和全国畜牧总站，2023）

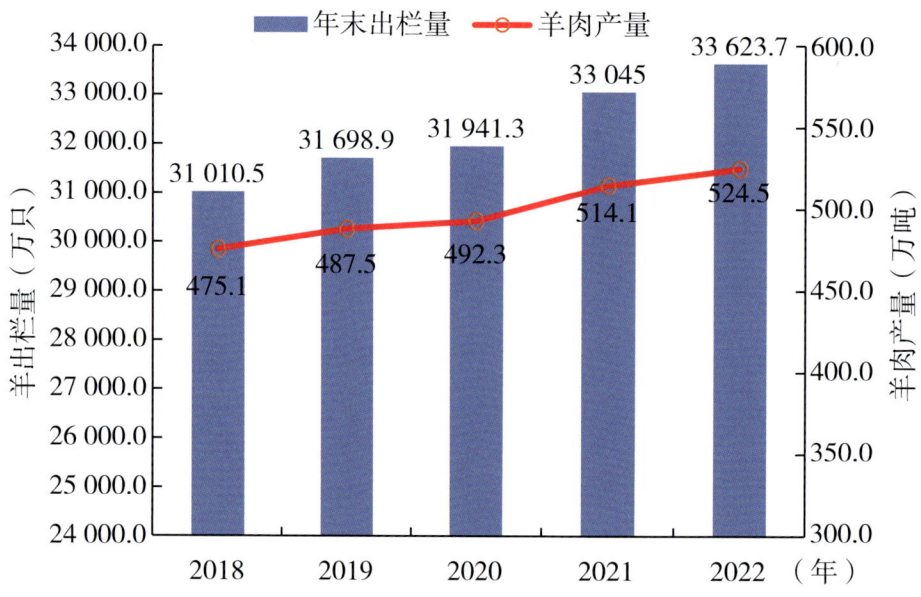

图1-6　2018—2022年全国羊年末出栏量和羊肉产量变化情况

（数据来源：《中国畜牧兽医统计（2022）》，农业农村部畜牧兽医局和全国畜牧总站，2023）

二、全株玉米青贮种植现状

（一）玉米种植概况

粮改饲省区全株玉米青贮种植面积持续增加。2022年，我国玉米种植面积为64 605.2万亩，比2018年增加2.2%；粮改饲省区全株玉米种植面积2 312万亩，同比增加16.5%（图2-1）；全国玉米产量27 720.3万吨，同比增加1.7%，比2018年增加7.8%（图2-2）。

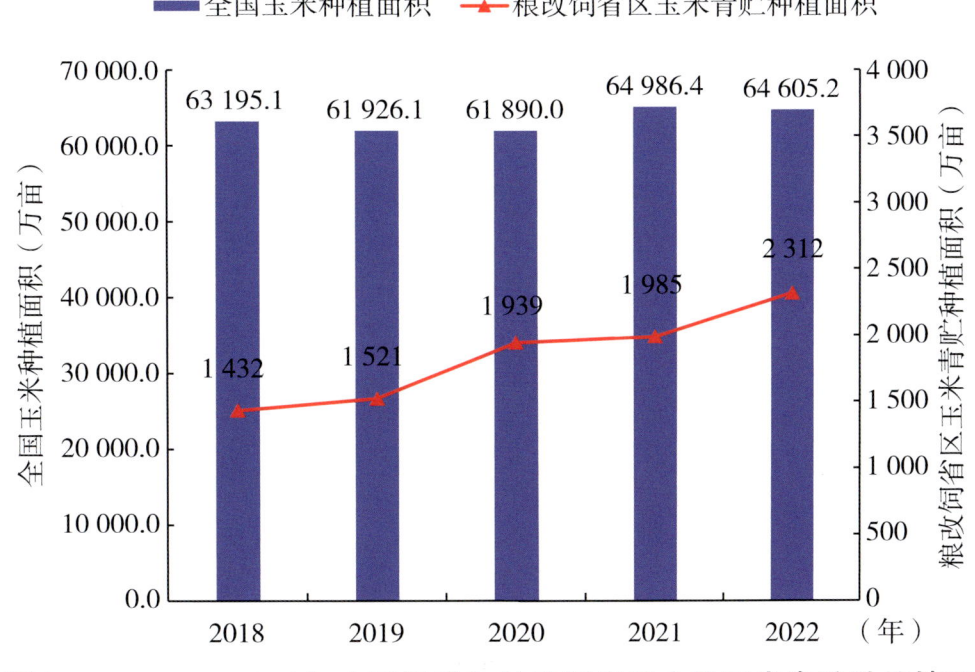

图2-1　2018—2022年全国玉米和粮改饲省区全株玉米青贮种植情况

（数据来源：国家统计局）

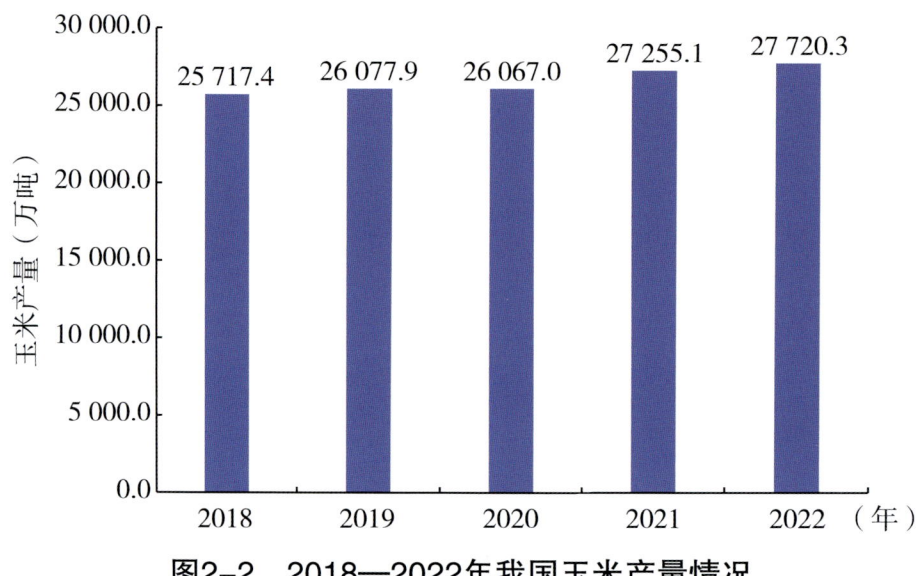

图2-2　2018—2022年我国玉米产量情况

（数据来源：国家统计局）

（二）粮改饲省区全株玉米青贮收贮概况

自2015年粮改饲项目实施以来，粮改饲省区全株玉米青贮收贮面积和收贮量逐年增加。2022年，粮改饲省区全株玉米青贮量为6 565万吨，同比增加18.4%（图2-3）；收贮面积为2 312万亩，同比增加16.5%。

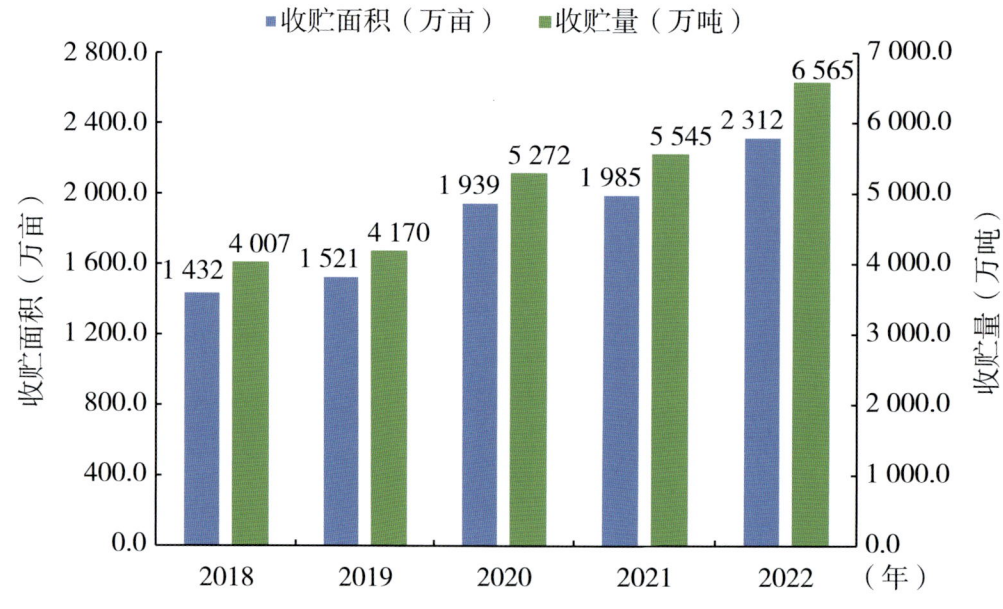

图2-3　2018—2022年粮改饲省区全株玉米青贮收贮情况

（数据来源：全国畜牧总站）

三、全株玉米青贮质量现状

（一）全株玉米青贮质量总体概况

1. 全株玉米青贮质量总体状况

全株玉米青贮质量84.0%达到三级及以上水平。随着粮改饲—优质青贮行动计划（GEAF计划）的实施，粮改饲省区全株玉米青贮质量稳步提升，2023年全株玉米青贮质量84.0%达到三级及以上水平，其中21.4%达到一级水平，全株玉米青贮质量分级指数（CSQS）平均值为66.0分（表3-1）。从评价结果看，我国不同区域、不同畜种和不同规模牧场之间全株玉米青贮质量差异较大，说明我国全株玉米青贮在种植、收割、调制和贮存等技术环节需要进一步改善和提升。

表3-1　2023年全株玉米青贮质量总体状况

项目	全国平均值	最小值	最大值
营养指标			
干物质（%）	29.8 ± 4.4	16.5	45.5
粗蛋白质（% DM）	8.6 ± 1.1	5.1	14.7
30h NDFD（% NDF）	58.6 ± 2.9	45.6	70.7
淀粉（% DM）	28.7 ± 8.3	6.1	43.0
粗脂肪（% DM）	4.0 ± 0.4	2.20	5.5
发酵指标			
氨（% DM）	0.7 ± 0.2	0.1	4.0
乳酸（% DM）	4.7 ± 1.6	0.1	10.4

(续表)

项目	全国平均值	最小值	最大值
全株玉米青贮质量分级指数			
CSQS[1]	66.0	15.9	88.2

CSQS[1] 全株玉米青贮质量分级指数根据2022年模型计算，等级分为5级，即一级：75.1～100分；二级：65.1～75.0分；三级：55.1～65.0分；四级：45.1～55.0分；五级：0～45.0分。以全株玉米青贮营养指标（干物质、粗蛋白质、淀粉、粗脂肪、30h中性洗涤纤维消化率）和发酵指标（氨和乳酸）为核心构建的全株玉米青贮质量分级指数（CSQS）能全面反映全株玉米青贮的营养和发酵品质[$CSQS_{(0\sim100)}$=（CSQI-0.1）/0.9×100；CSQI为全株玉米青贮质量指数]。

2. 全株玉米青贮质量指标分布情况

（1）干物质

干物质（DM）是决定全株玉米青贮质量好坏的重要指标，直接影响产量、营养价值和消化率。CSQS中DM含量的推荐值为30%～35%，全国全株玉米青贮DM含量平均值为29.8%。40.8%的样品DM含量为30.0%～35.0%；9.2%的样品DM含量高于35.0%；49.9%的样品DM含量低于30.0%，其中有14.0%的样品DM含量低于25.0%（图3-1）。

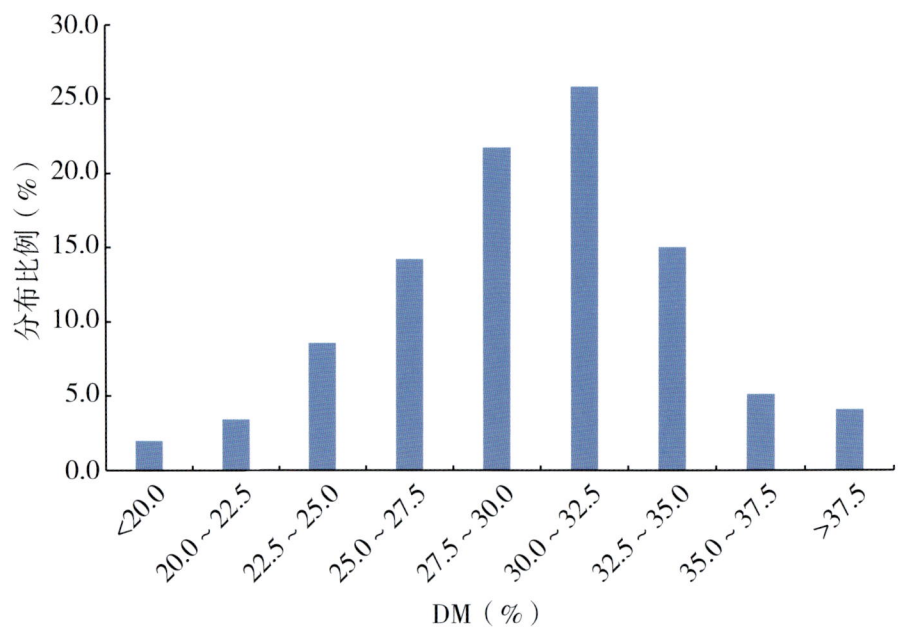

图3-1 全株玉米青贮干物质含量分布情况

（2）粗蛋白质

粗蛋白质（CP）是决定全株玉米青贮饲用价值的重要基础。CSQS中CP含量的推荐值≥7.7%，全国全株玉米青贮CP含量平均值为8.6%。76.7%的样品CP含量高于8.0%，其中，32.1%的样品CP含量高于9.0%；但有23.3%的样品CP含量低于8.0%，其中7.3%的样品CP含量低于7.0%（图3-2）。

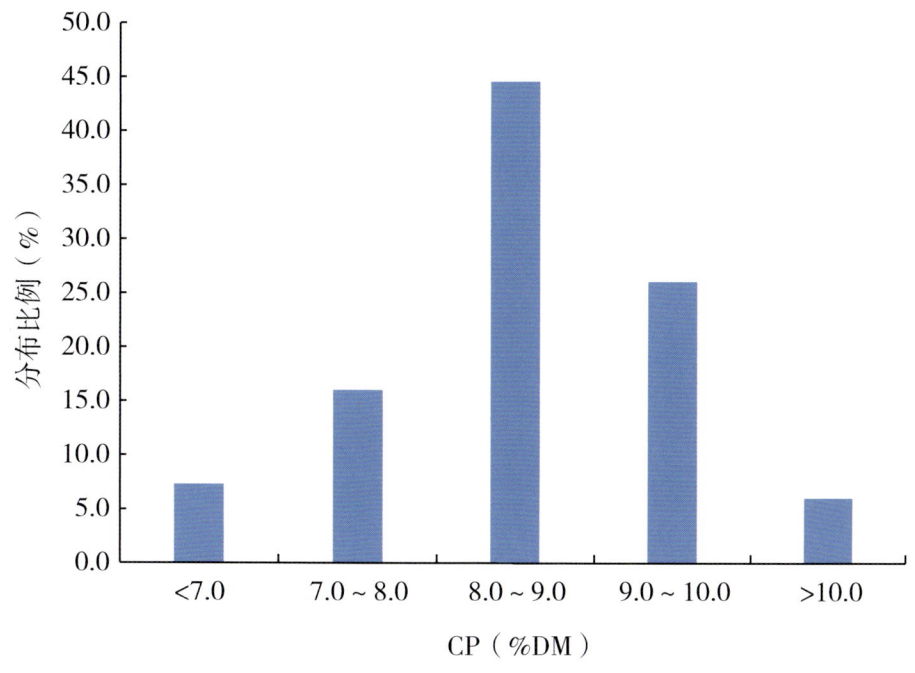

图3-2　全株玉米青贮粗蛋白质含量分布情况

（3）淀粉

淀粉为动物机体提供易于消化吸收的能量，其含量越高，全株玉米青贮营养价值也就越高。CSQS中淀粉含量的推荐值≥30%，全国全株玉米青贮淀粉含量平均值为28.7%。55.9%的样品淀粉含量高于29.0%，其中26.3%的样品淀粉含量高于34.0%，但有44.1%的样品淀粉含量低于29.0%，其中12.5%的样品淀粉含量低于19.0%（图3-3）。

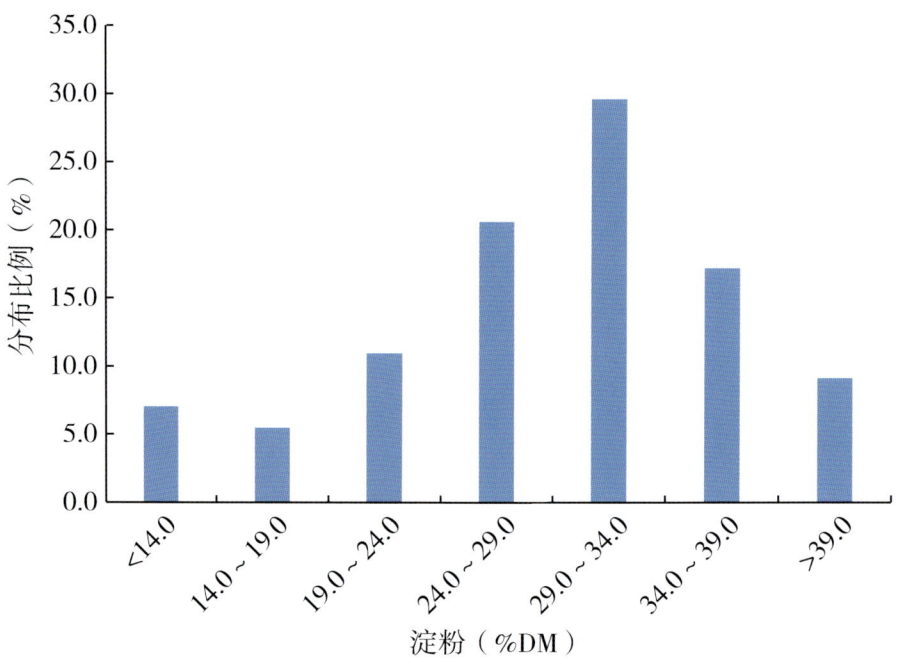

图3-3 全株玉米青贮淀粉含量分布情况

（4）粗脂肪

粗脂肪（EE）是为动物机体提供能量的主要物质。CSQS中EE含量的推荐值≥4.0%，全国全株玉米青贮EE含量平均值为4.0%。56.7%的样品EE含量高于4.0%，其中1.3%的样品EE含量高于5.0%；但有43.3%的样品EE含量低于4.0%，其中2.0%的样品EE含量低于3.0%（图3-4）。

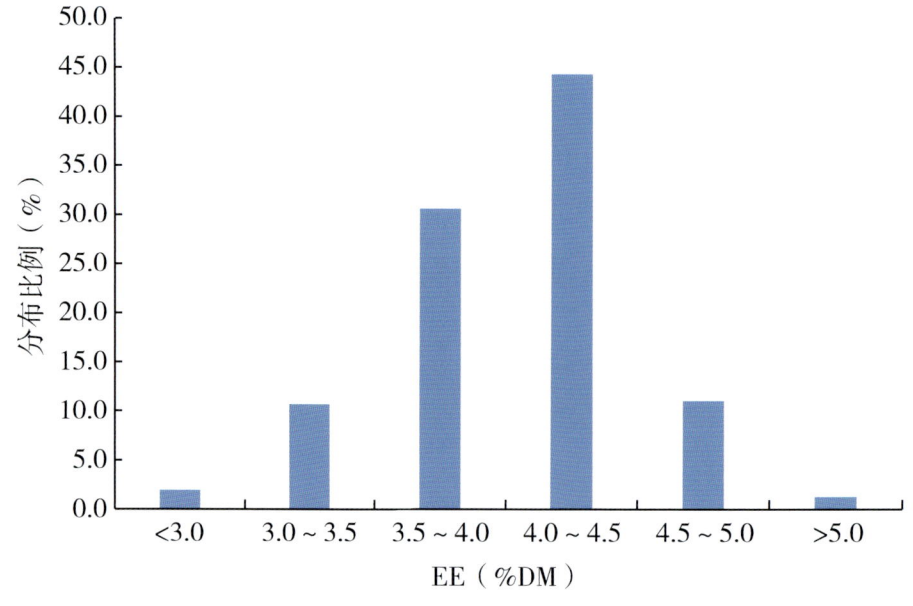

图3-4 全株玉米青贮粗脂肪含量分布情况

三、全株玉米青贮质量现状

（5）30h中性洗涤纤维消化率

30h中性洗涤纤维消化率（30h NDFD）是反映全株玉米青贮中纤维质量好坏的有效指标，也影响动物采食量和生产性能。CSQS中30h NDFD的推荐值≥56.8%，全国全株玉米青贮30h NDFD平均值为58.6%。56.7%的样品30h NDFD高于58.0%，其中3.0%的样品30h NDFD高于64.0%；但有43.3%的样品30h NDFD低于58.0%，其中6.3%的样品30h NDFD低于55.0%（图3-5）。

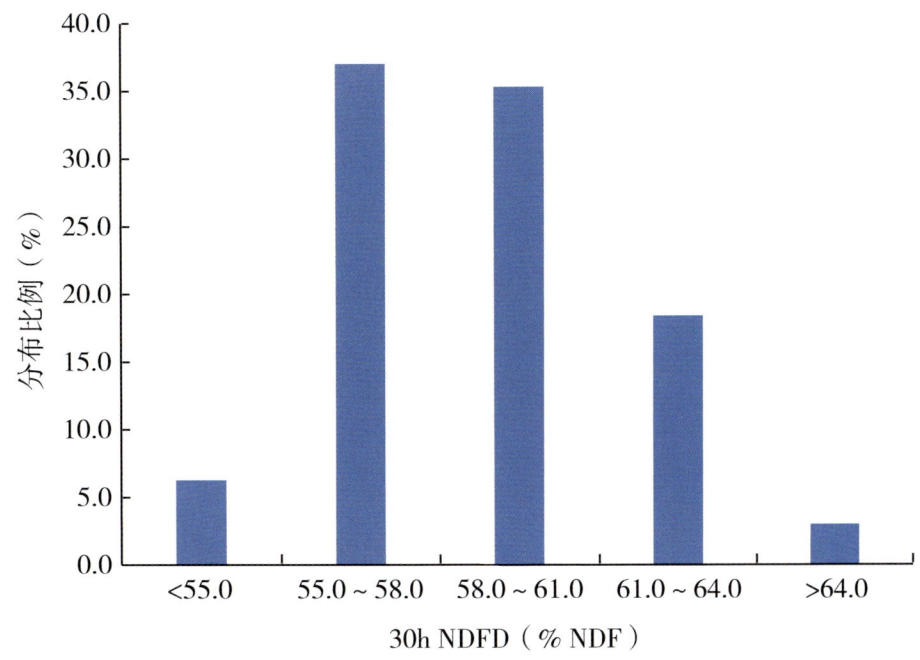

图3-5　全株玉米青贮30h NDFD分布情况

（6）氨

氨含量反映了全株玉米青贮中蛋白质及氨基酸的分解状况。CSQS中氨含量的推荐值≤0.69%，全国全株玉米青贮氨含量平均值为0.7%。30.1%的样品氨含量低于0.6%；但有69.9%的样品氨含量高于0.6%，其中11.9%的样品氨含量高于0.9%（图3-6）。

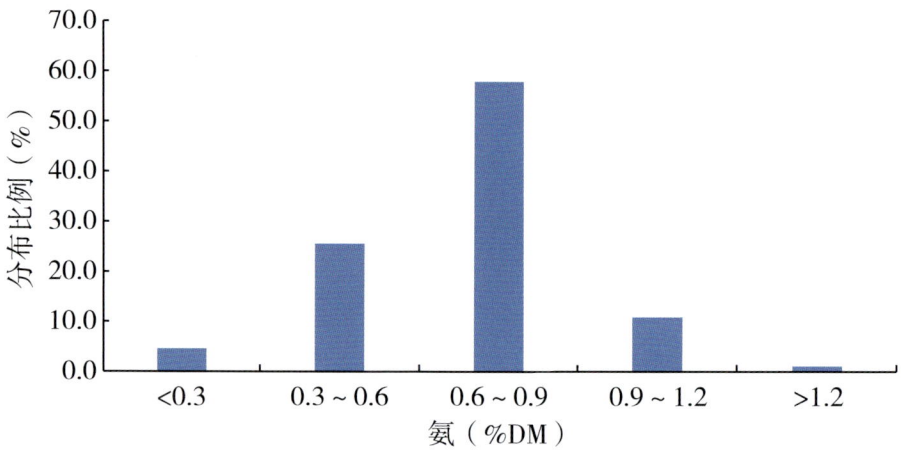

图3-6 全株玉米青贮氨含量分布情况

（7）乳酸

乳酸含量反映了全株玉米青贮中乳酸菌活动的状况，是评价青贮饲料发酵好坏的关键指标。CSQS中乳酸含量的推荐值≥5.3%，全国全株玉米青贮乳酸含量平均值为4.7%。44.0%的样品乳酸含量高于5.0%；66.0%的样品乳酸含量低于5.0%，其中13.2%的样品乳酸含量低于3.0%（图3-7）。

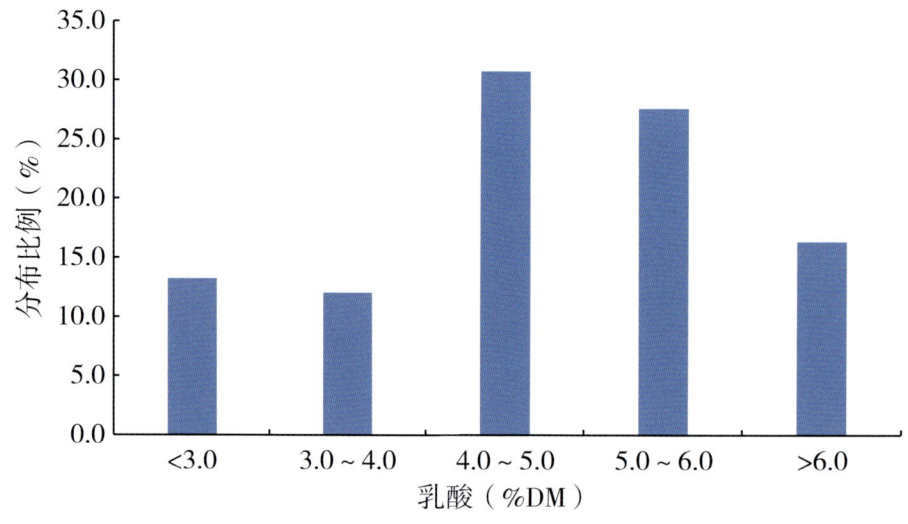

图3-7 全株玉米青贮乳酸含量分布情况

3. 2022—2023年全株玉米青贮质量对比状况

粮改饲省区全株玉米青贮质量稳步提升。2023年，我国全株玉米青贮质

三、全株玉米青贮质量现状

量有所提升，84.0%达到三级及以上水平，其中21.4%达到一级水平，同比提高3.8个百分点；CSQS值为66.0分，较2022年提高0.3%。从评价指标看，DM、淀粉和乳酸含量显著提高，分别提高3.1%、4.4%和9.3%；氨含量显著降低，降低22.2%（表3-2），说明我国全株玉米青贮质量持续提升。

表3-2　2022—2023年全株玉米青贮质量状况

项目	2022年	2023年	SEM	P值
营养指标				
干物质（%）	28.9	29.8	0.11	<0.01
粗蛋白质（% DM）	8.9	8.6	0.02	<0.01
30h NDFD（% DM）	61.0	58.6	0.09	<0.01
淀粉（% DM）	27.5	28.7	0.21	<0.01
粗脂肪（% DM）	4.0	4.0	0.01	0.74
发酵指标				
氨（% DM）	0.9	0.7	0.01	<0.01
乳酸（% DM）	4.3	4.7	0.04	<0.01
全株玉米青贮质量分级指数				
CSQS	65.8	66.0	0.26	0.67

4. 不同干物质含量全株玉米青贮质量指标变化状况

全株玉米青贮质量与DM含量密切相关。从评价指标看，随着DM含量增加，CP含量逐渐降低，淀粉含量逐渐提高，pH值先降低后增加，在DM含量32.5%～35.0%时，达到最低，此时乳酸含量最高（图3-8、图3-9）。从CSQS评价结果看，当DM含量32.5%～35.0%时，CSQS最高，达到71.5，全株玉米青贮质量状况最好（图3-10），结果说明制作优质青贮时，全株玉米青贮DM含量最好控制在32.5%～35.0%。

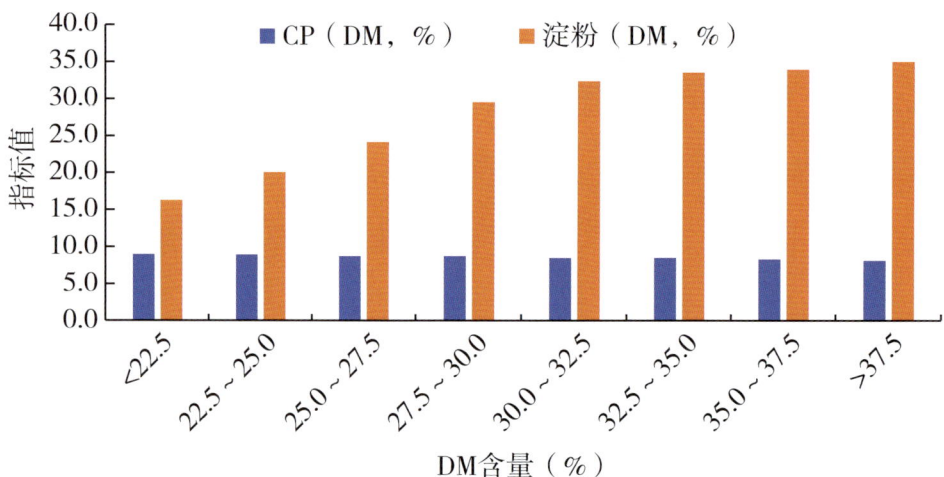

图3-8 不同干物质含量全株玉米青贮CP和淀粉变化情况

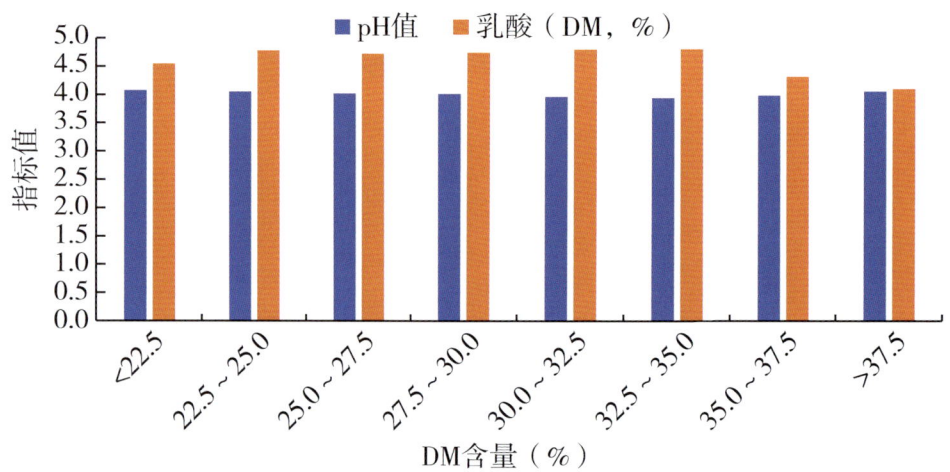

图3-9 不同干物质含量全株玉米青贮pH值和乳酸变化情况

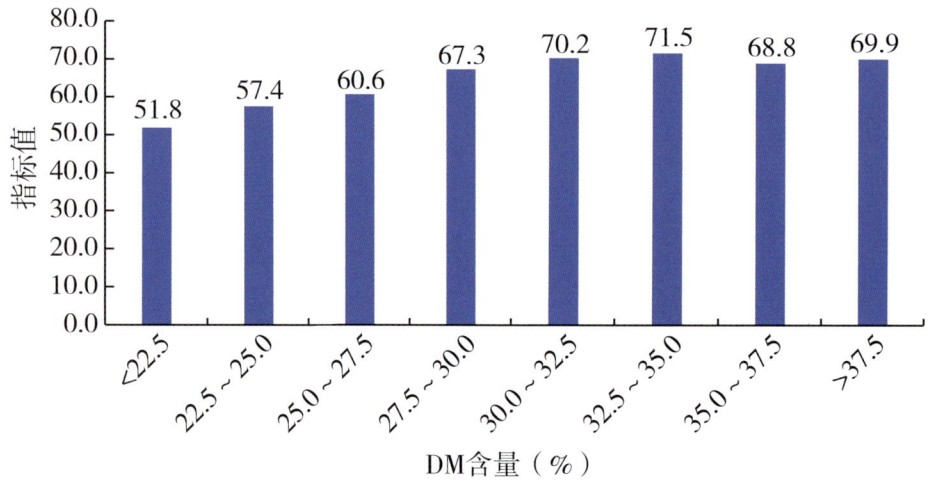

图3-10 不同干物质含量全株玉米青贮CSQS变化情况

（二）不同种植区域全株玉米青贮质量状况

CSQS评价结果表明，不同种植区域玉米青贮质量由高到低依次是黄淮海地区（67.1分）、东北地区（65.9分）、西北地区（64.5分）、西南地区（60.4分）、华南地区（57.1分），其中，东北地区、西南地区和华南地区全株玉米青贮质量同比有所提高，分别提高1.9%、1.0%和16.8%。从不同种植区域看，受气候地理环境、土地种植条件和收获加工生产技术成熟度等条件制约，黄淮海地区、西北地区、东北地区奶业主产区的全株玉米青贮质量明显高于西南地区和华南地区，其中黄淮海地区比西南地区和华南地区分别高11.1%和17.5%。从评价指标看，黄淮海地区、西北地区、东北地区等奶业主产区全株玉米青贮中干物质、淀粉、乳酸含量明显高于华南地区（表3-3）。由于华南地区地形复杂，养殖规模化程度低和青贮调制水平差，且收获时对干物质控制不准和进口收割机械少、使用效率低，全株玉米青贮质量明显偏低。

表3-3　不同种植区域全株玉米青贮质量比较

项目	黄淮海地区[1]	西北地区[2]	东北地区[3]	西南地区[4]	华南地区[5]	SEM	P值
营养指标							
干物质（%）	30.2a	28.6ab	29.7a	28.6ab	27.1b	0.16	<0.01
粗蛋白质（% DM）	8.9a	8.5a	7.8b	8.7a	8.9a	0.04	<0.01
30h NDFD（% NDF）	58.3a	59.4a	59.4a	58.0a	56.7b	0.10	<0.01
淀粉（% DM）	29.2a	26.1a	30.1a	25.9a	22.0b	0.30	<0.01
粗脂肪（% DM）	4.0ab	4.0ab	4.1a	3.8b	3.9b	0.02	<0.01
发酵指标							
氨（% DM）	0.7	0.7	0.7	0.7	0.8	0.01	0.20
乳酸（% DM）	4.7	5.1	4.7	4.5	4.5	0.06	0.16
全株玉米青贮质量分级指数							
2022年	68.7a	64.9b	64.7b	59.8bc	48.9c	0.34	<0.01

（续表）

项目	黄淮海地区[1]	西北地区[2]	东北地区[3]	西南地区[4]	华南地区[5]	SEM	P值
2023年	67.1a	64.5ab	65.9a	60.4bc	57.1c	0.39	<0.01

注：同行相同字母表示差异不显著，不同字母表示差异显著。

[1]黄淮海地区：山东、河北、河南、安徽；
[2]西北地区：陕西、山西、青海、甘肃、新疆、宁夏、内蒙古西部；
[3]东北地区：黑龙江、吉林、辽宁、内蒙古东部；
[4]西南地区：云南、贵州；
[5]华南地区：广西。

（三）不同省区全株玉米青贮质量状况

全国全株玉米青贮CSQS平均值为66.0分，达到二级水平（图3-11），但各地区之间全株玉米青贮质量差异较为明显（图3-12）。河北（72.3分）、宁夏（71.3分）、山东（69.4分）、山西（69.1分）、陕西（68.7分）、安徽（67.1分）、内蒙古（66.6分）、辽宁（66.5分）8省区全株玉米青贮质量状况超过全国平均水平（66.0分），其中河北和宁夏2省区全株玉米青贮质量较好，评分超过70分。

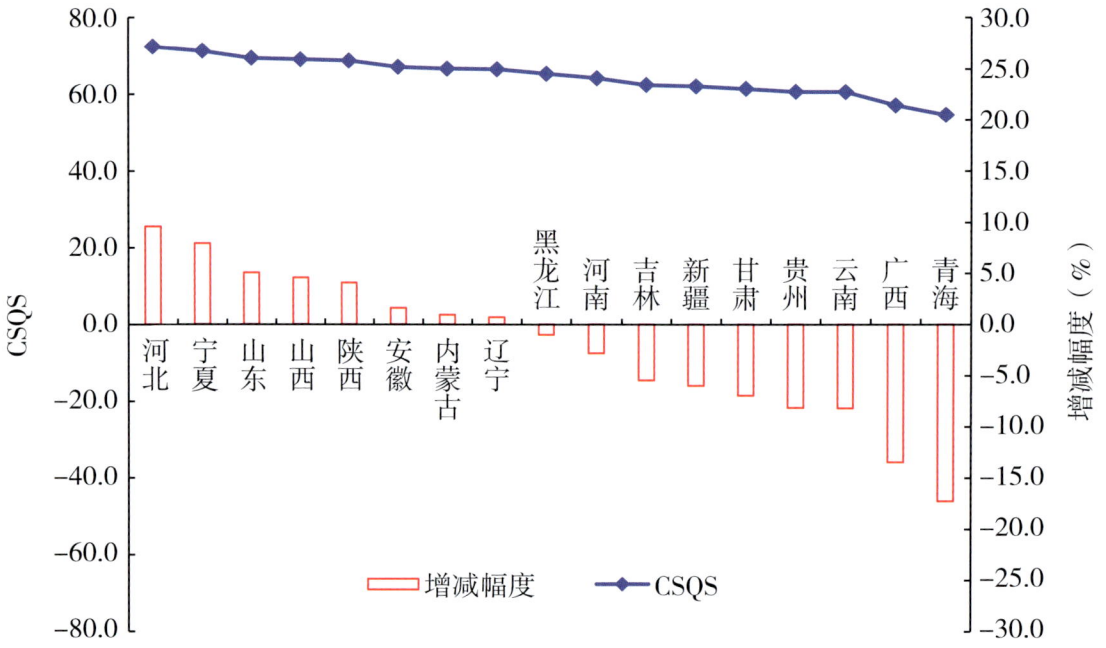

图3-11 不同省区全株玉米青贮CSQS与全国平均水平比较

三、全株玉米青贮质量现状

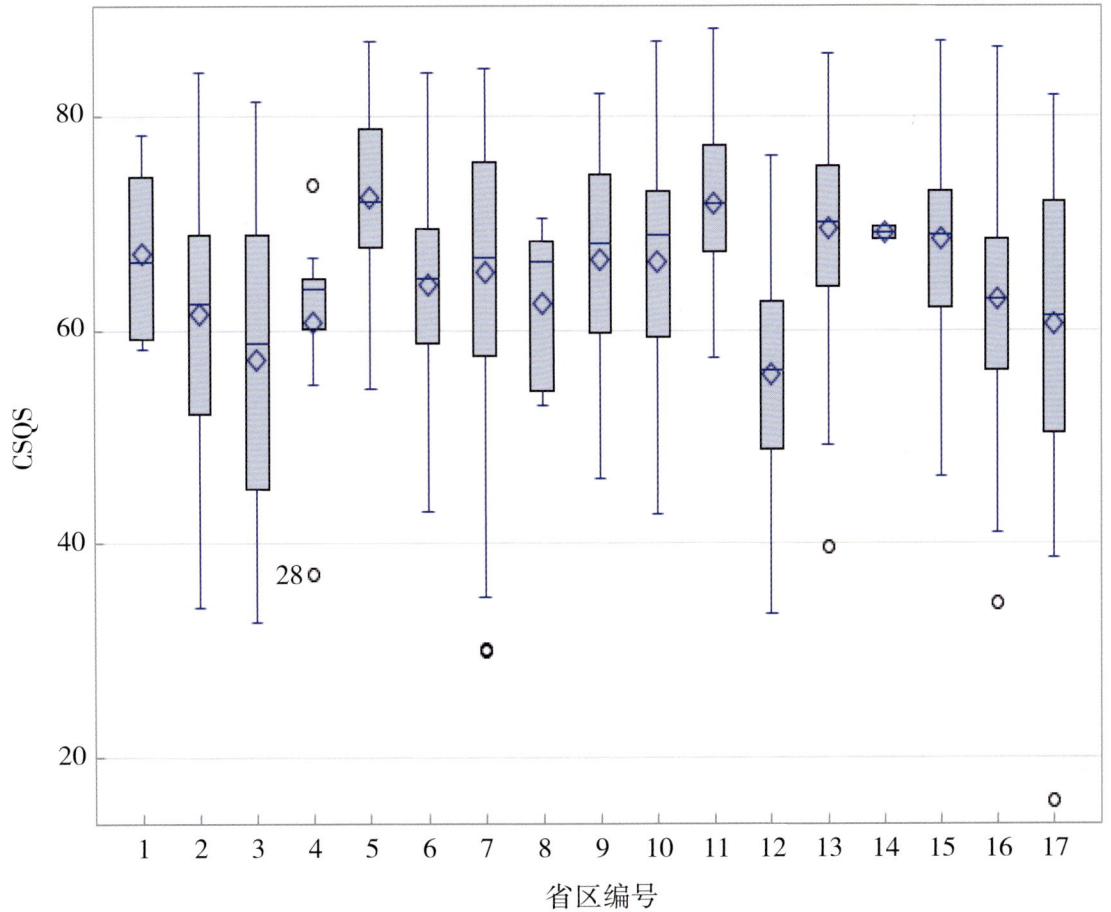

1：安徽；2：甘肃；3：广西；4：贵州；5：河北；6：河南；7：黑龙江；
8：吉林；9：辽宁；10：内蒙古；11：宁夏；12：青海；13：山东；
14：山西；15：陕西；16：新疆；17：云南（下同）。

图3-12　不同省区全株玉米青贮CSQS差异情况

1. 干物质

全株玉米青贮DM含量平均值为29.8%，各省区全株玉米青贮中DM含量差异明显（图3-13）。山西、河北、山东、辽宁、内蒙古、宁夏和陕西7省区DM含量高于全国平均水平，分别高出18.1%、8.3%、3.8%、3.7%、2.8%、2.4%和1.6%（图3-14）。

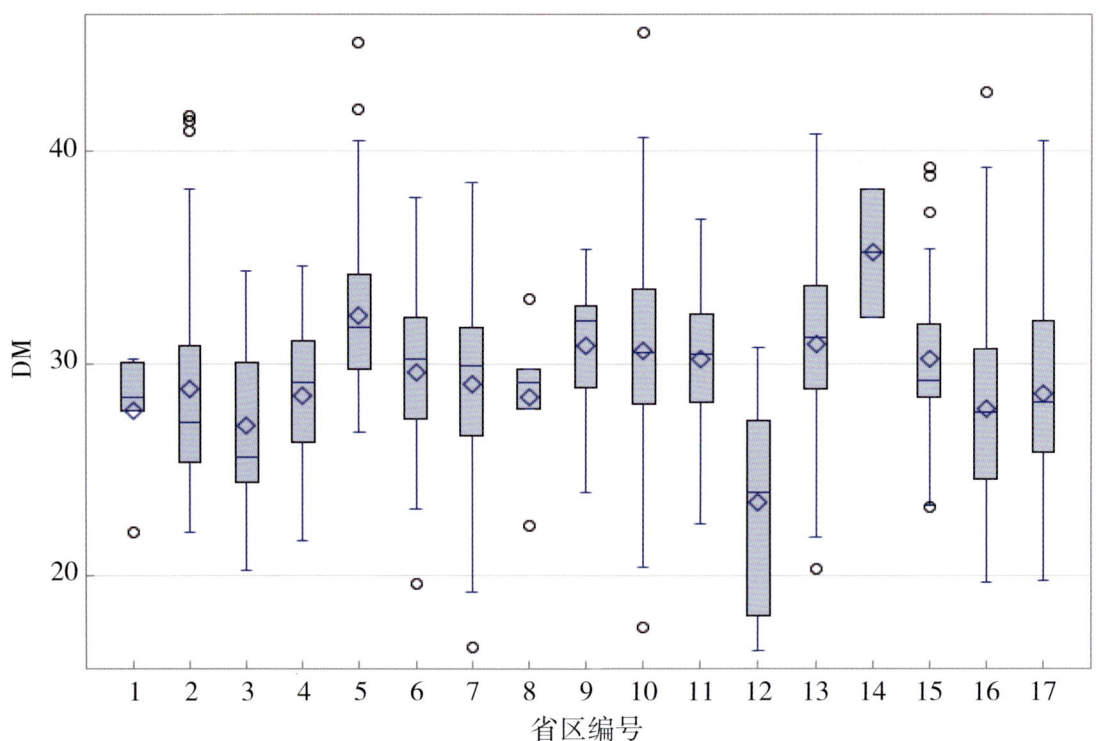

图3-13 不同省区全株玉米青贮DM含量差异情况

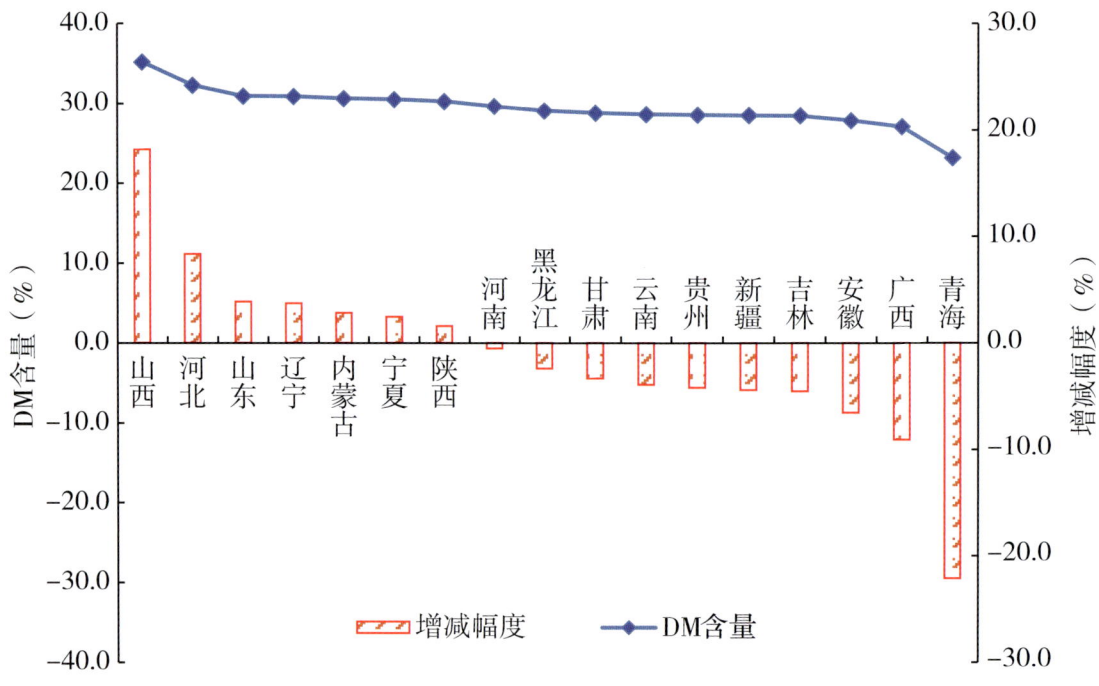

图3-14 不同省区全株玉米青贮DM含量与全国平均水平比较

2. 粗蛋白质

各省区之间全株玉米青贮中CP含量差异明显（图3-15），全国全株玉米青贮CP含量平均值为8.6%，新疆、河南、贵州、安徽、广西、陕西、山东、宁夏、云南和甘肃10省区CP含量高于全国平均水平，分别高出7.9%、6.3%、5.7%、5.3%、3.5%、1.8%、1.6%、1.5%、0.9%和0.4%（图3-16）。

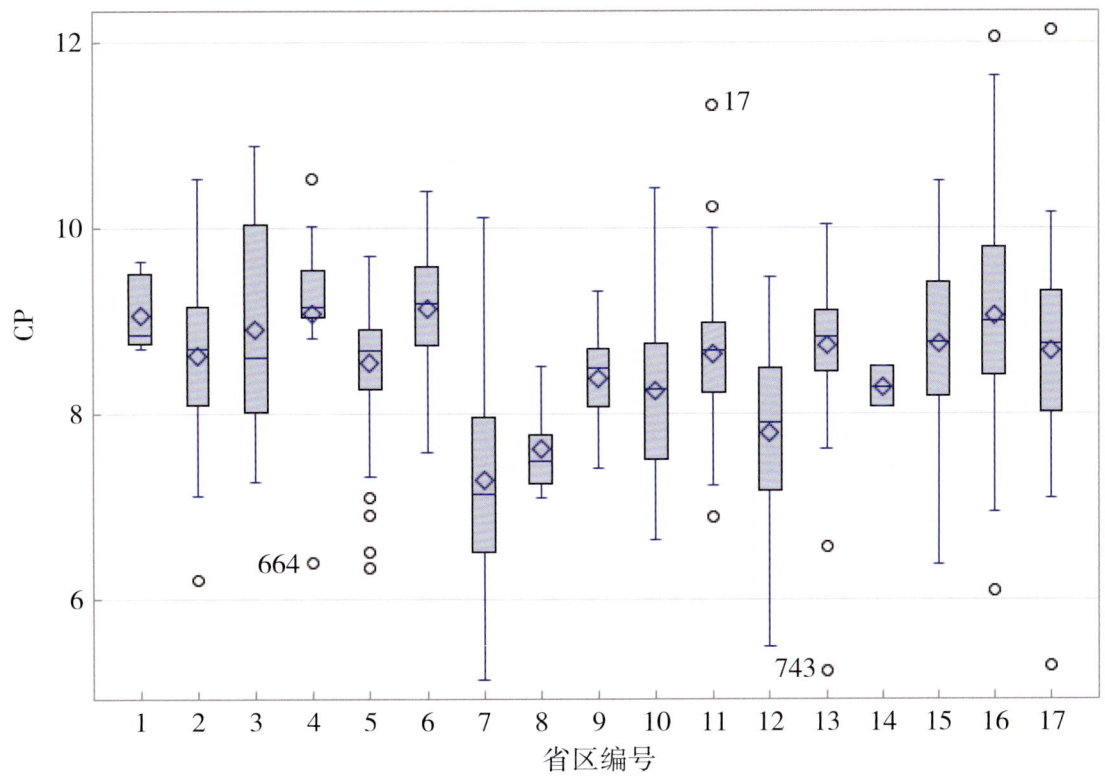

图3-15　不同省区全株玉米青贮CP含量差异情况

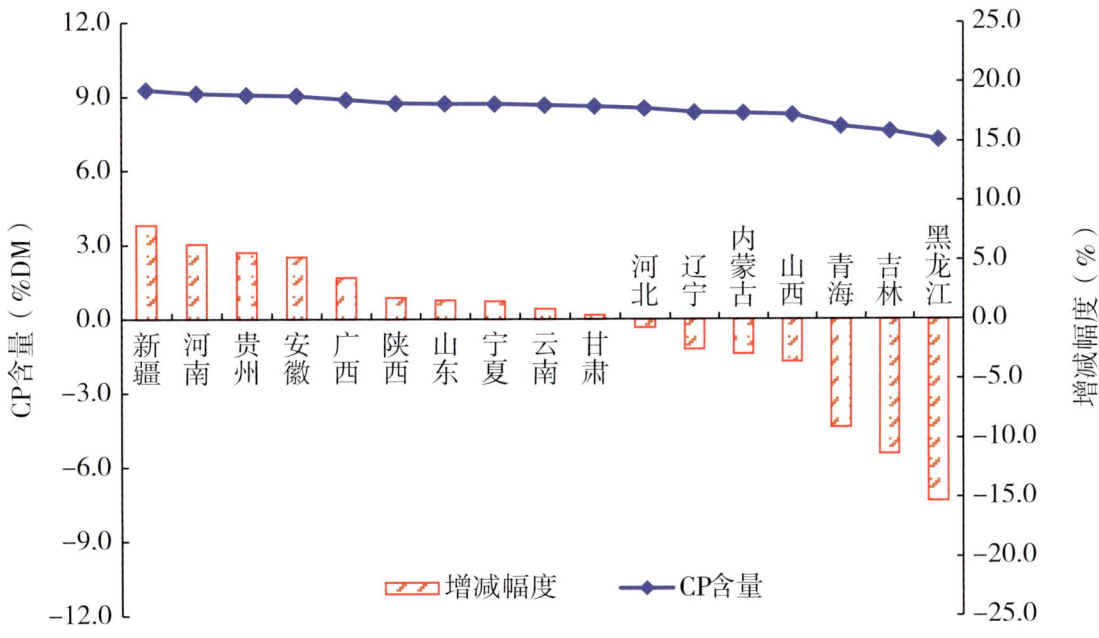

图3-16　不同省区全株玉米青贮CP含量与全国平均水平比较

3. 淀粉

各省区之间全株玉米青贮中淀粉含量差异明显（图3-17），全国全株玉米青贮淀粉含量平均值为28.7%，山西、河北、辽宁、山东、安徽、吉林、陕西、黑龙江、宁夏、内蒙古10省区淀粉含量高于全国平均水平，分别高22.1%、16.4%、13.0%、12.6%、8.7%、8.5%、6.3%、4.4%、4.1%和1.9%（图3-18）。

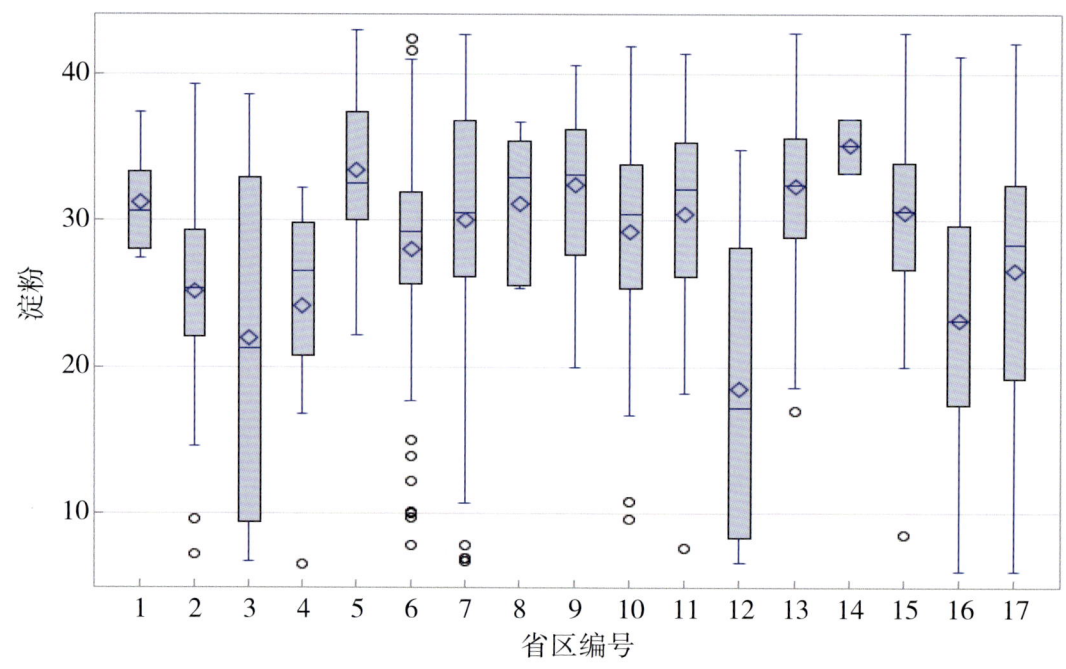

图3-17　不同省区全株玉米青贮淀粉含量差异情况

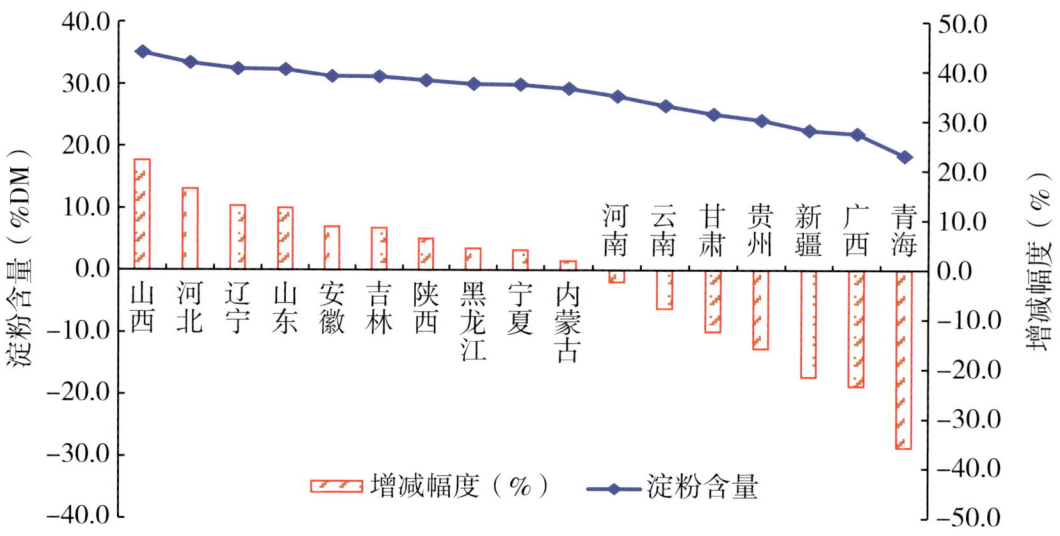

图3-18　不同省区全株玉米青贮淀粉含量与全国平均水平比较

4. 粗脂肪

各省区之间全株玉米青贮中EE含量差异明显（图3-19），全国全株玉米青贮EE含量平均值为4.0%，黑龙江、宁夏、河北、辽宁、山东、吉林和陕西7省区EE含量高于全国平均水平，分别高5.6%、4.2%、3.9%、1.3%、0.8%、0.7%和0.1%（图3-20）。

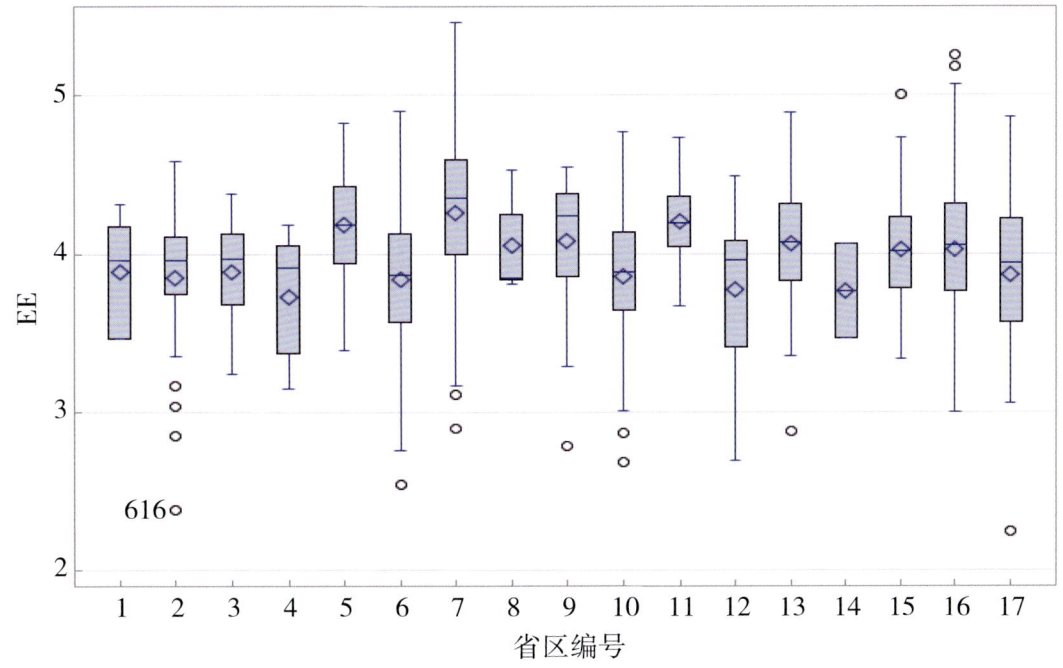

图3-19 不同省区全株玉米青贮EE含量差异情况

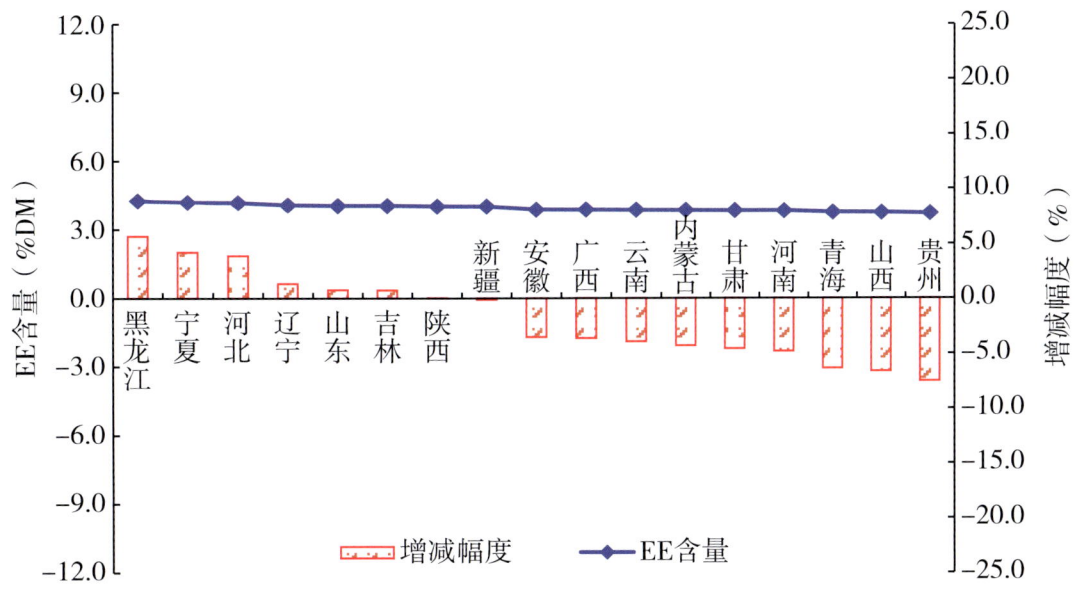

图3-20 不同省区全株玉米青贮EE含量与全国平均水平比较

5. 30h中性洗涤纤维消化率

各省区之间全株玉米青贮中30h NDFD差异明显（图3-21）。全国全株玉米青贮30h NDFD含量平均值为58.6%，青海、内蒙古、宁夏、黑龙江、贵州、陕西和新疆7省区30h NDFD高于全国平均水平，分别高2.8%、2.6%、2.5%、1.9%、1.7%、1.3%和0.8%（图3-22）。

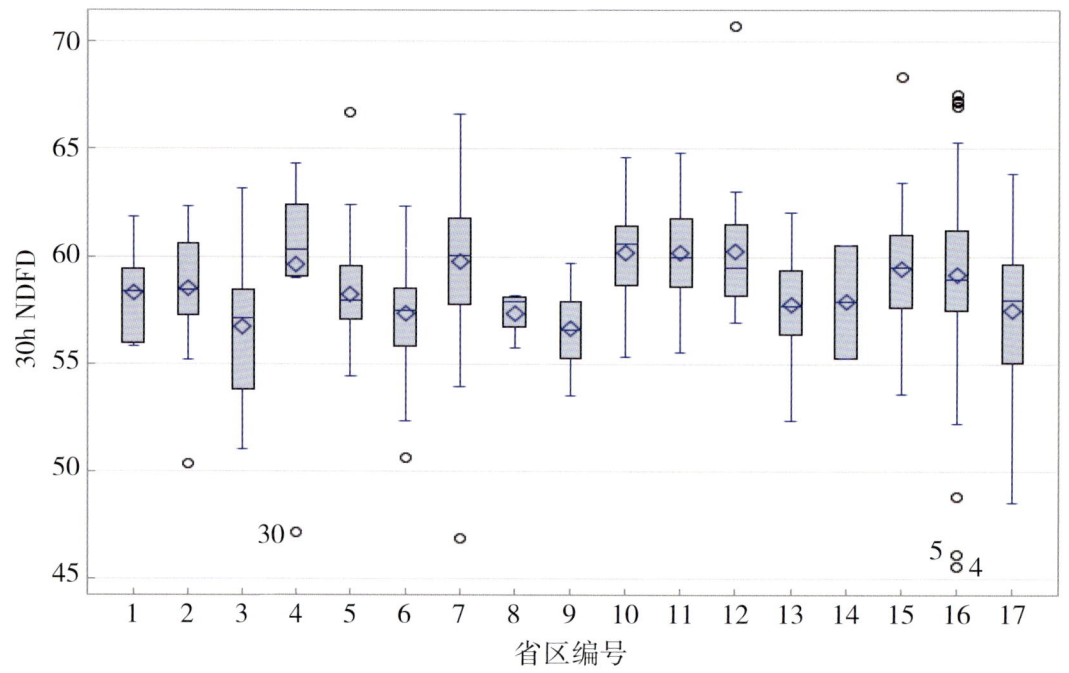

图3-21　不同省区全株玉米青贮30h NDFD差异情况

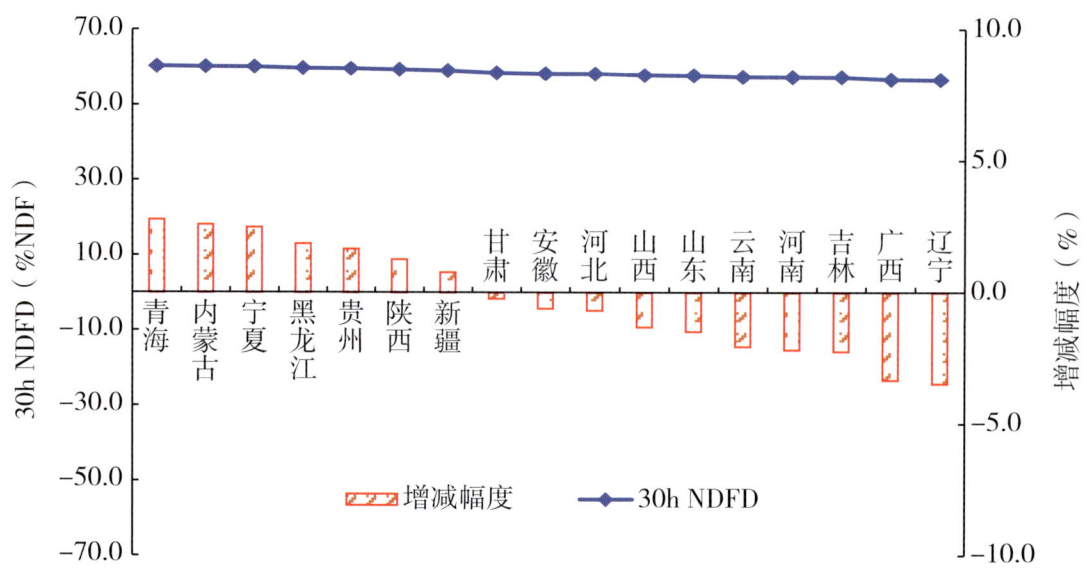

图3-22　不同省区全株玉米青贮30h NDFD与全国平均水平比较

6. 氨

全株玉米青贮氨含量平均值为0.7%，各省区之间全株玉米青贮氨含量差异明显（图3-23），山西、甘肃、陕西、河南、青海、山东和新疆7省区氨含量低于全国平均水平，分别低41.8%、14.8%、10.6%、6.6%、2.4%、1.8%和0.4%（图3-24）。

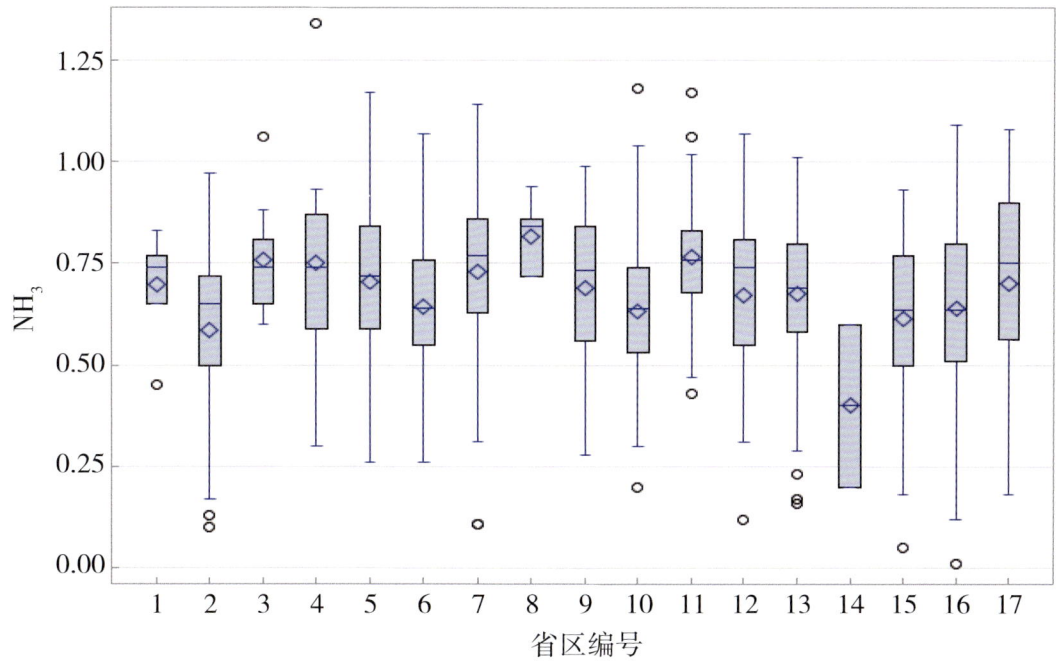

图3-23　不同省区全株玉米青贮氨含量差异情况

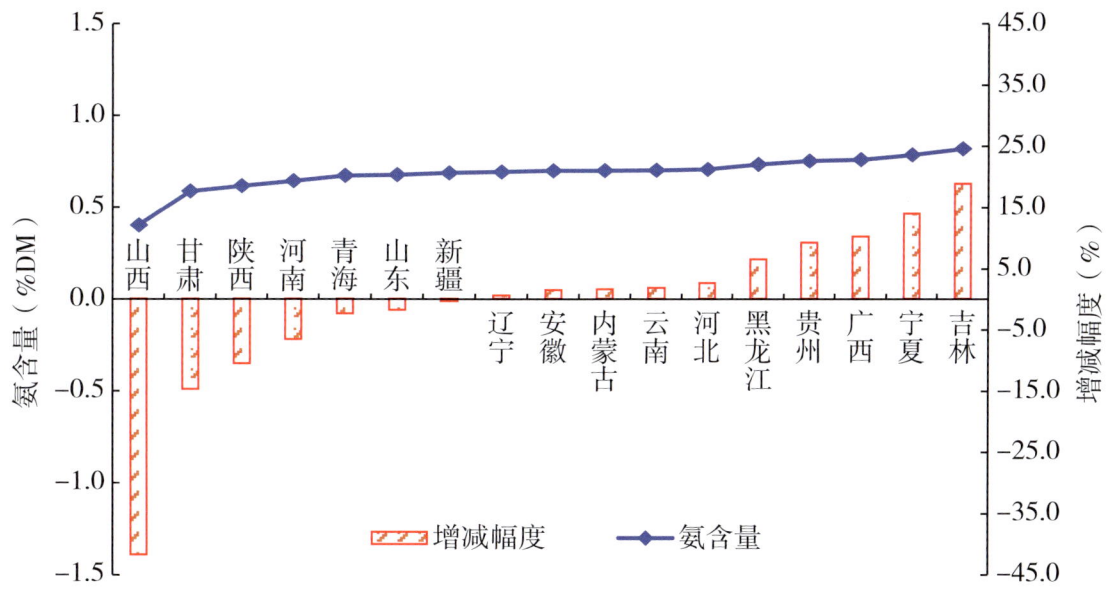

图3-24　不同省区全株玉米青贮氨含量与全国平均水平比较

7. 乳酸

全株玉米青贮乳酸含量平均值为4.7%，各省区之间全株玉米青贮乳酸含量差异明显（图3-25）。宁夏、新疆、河北、甘肃和黑龙江5省区乳酸含量高于全国平均水平，分别高16.5%、13.7%、5.4%、2.6%和1.0%（图3-26）。

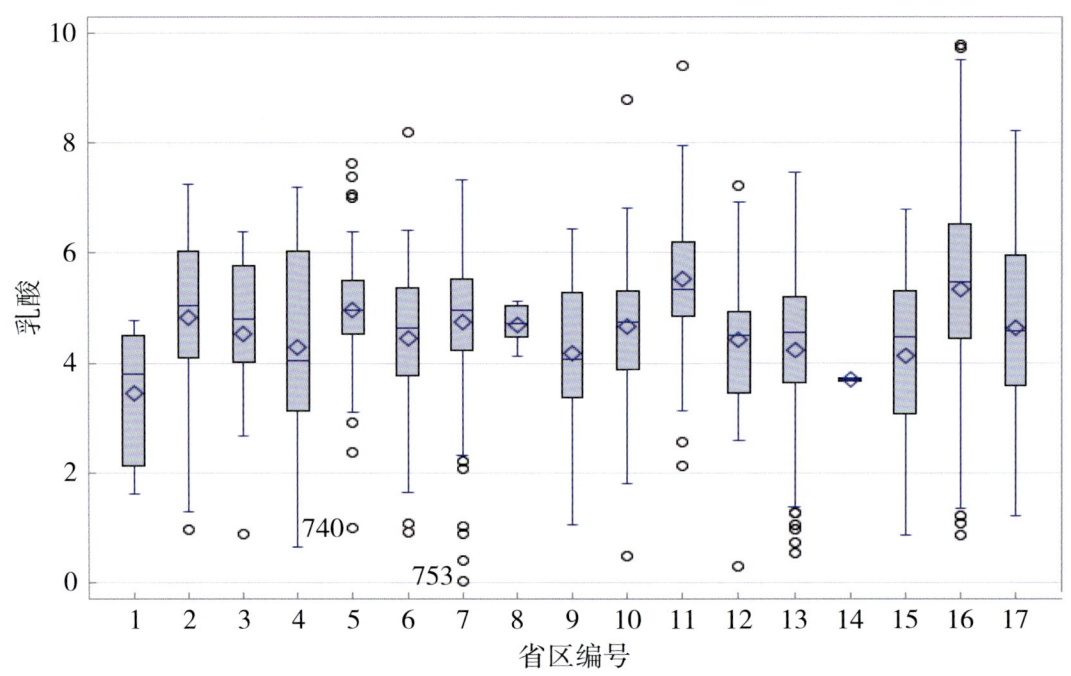

图3-25 不同省区全株玉米青贮乳酸含量差异情况

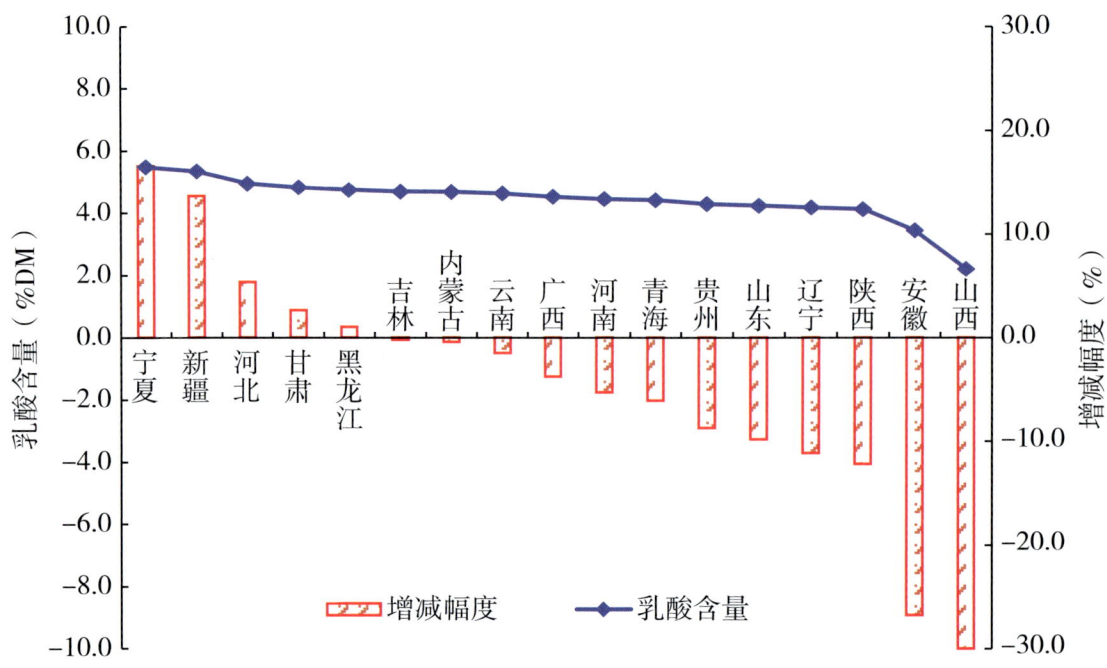

图3-26 不同省区全株玉米青贮乳酸含量与全国平均水平比较

三、全株玉米青贮质量现状

（四）不同畜种全株玉米青贮质量状况

从2022—2023年评价结果看，肉牛养殖企业的全株玉米青贮质量有所提升，同比提高1.4%。从不同畜种看，奶牛养殖企业的全株玉米青贮质量状况最好（68.6分），达到二级水平，且显著高于肉牛和肉羊养殖企业（肉牛64.0分、肉羊60.7分），比肉牛和肉羊养殖企业分别高7.2%和13.0%。从评价指标看，奶牛养殖企业全株玉米青贮中干物质、淀粉、粗脂肪含量显著高于肉牛和肉羊养殖企业（表3-4）。这与产业成熟度和养殖规模化程度对全株玉米青贮饲料的认知和需求匹配度有关。

表3-4　不同畜种全株玉米青贮质量比较

项目	奶牛	肉牛	肉羊	SEM	P值
营养指标					
干物质（%）	30.8a	28.8b	28.3b	0.17	<0.01
粗蛋白质（% DM）	8.4b	8.8a	8.9a	0.04	<0.01
30h NDFD（% DM）	58.7	58.7	58.1	0.11	0.38
淀粉（% DM）	31.2a	26.6b	25.2b	0.31	<0.01
粗脂肪（% DM）	4.2a	3.9b	3.8b	0.02	<0.01
发酵指标					
氨（% DM）	0.7a	0.7a	0.6b	0.01	<0.01
乳酸（% DM）	4.7	4.8	4.6	0.06	0.62
全株玉米青贮质量分级指数CSQS					
2022年	68.9a	63.1b	62.1b	0.35	<0.01
2023年	68.6a	64.0b	60.7c	0.41	<0.01

注：同行相同字母表示差异不显著，不同字母表示差异显著。
[1] 黄淮海地区：山东、河北、河南、安徽；
[2] 西北地区：陕西、山西、青海、甘肃、新疆、宁夏、内蒙古西部；
[3] 东北地区：黑龙江、吉林、辽宁、内蒙古东部；
[4] 西南地区：云南、贵州；
[5] 华南地区：广西。

（五）不同规模奶牛场全株玉米青贮质量状况

从2022—2023年评价结果看，各规模牧场全株玉米青贮质量保持稳定。从不同规模看，3 000～5 000头（70.2分）和5 000头以上（70.9分）规模牧场显著高于500头以下规模牧场（65.6分），且规模化程度越高，全株玉米青贮质量越好（表3-5），这是由于规模化牧场收割时对干物质和淀粉含量等控制比小规模牧场好，并且奶牛养殖规模越高，其大型收割机械使用率、青贮调制技术越高，管理水平越好。

表3-5 不同规模奶牛场全株玉米青贮质量比较

项目	500头以下	500～1 000头	1 000～3 000头	3 000～5 000头	5 000头以上	SEM	P值
营养指标							
干物质（%）	29.3b	30.7a	31.3a	31.8a	31.5a	0.19	<0.01
粗蛋白质（% DM）	8.6	8.8	8.5	8.7	8.5	0.05	0.25
30h NDFD（% DM）	58.4	58.2	58.1	58.9	58.7	0.13	0.25
淀粉（% DM）	29.1	30.4	31.2	31.6	32.5	0.38	0.08
粗脂肪（% DM）	4.0b	4.1b	4.1b	4.2a	4.2a	0.02	<0.01
发酵指标							
氨（% DM）	0.7b	0.7b	0.7b	0.8a	0.8a	0.01	<0.01
乳酸（% DM）	4.2	4.7	4.8	4.6	4.7	0.08	0.26
全株玉米青贮质量分级指数CSQS							
2022年	65.8b	68.9ab	69.1a	69.9a	71.5a	0.42	<0.01
2023年	65.6b	68.6ab	68.1ab	70.2a	70.9a	0.51	0.02

注：同行相同字母表示差异不显著，不同字母表示差异显著。
[1]黄淮海地区：山东、河北、河南、安徽；
[2]西北地区：陕西、山西、青海、甘肃、新疆、宁夏、内蒙古西部；
[3]东北地区：黑龙江、吉林、辽宁、内蒙古东部；
[4]西南地区：云南、贵州；
[5]华南地区：广西。

（六）存在问题

随着粮改饲GEAF计划的实施，粮改饲省区全株玉米青贮质量有了很大的提升，但也存在以下问题。

1. 根据GEAF优质青贮推荐标准，我国全株玉米青贮质量干物质、淀粉、乳酸含量偏低

干物质和淀粉含量偏低主要与青贮玉米品种选择、收获过早有关。乳酸偏低的情况主要集中在养殖小区和养殖专业合作社。主要是由于青贮条件有限、青贮调制技术不规范等造成全株玉米青贮发酵品质较差。

2. 不同区域、不同畜种全株玉米青贮质量差异较大

黄淮海地区全株玉米青贮质量普遍优于东北地区、西北地区、西南地区和华南地区；各省区全株玉米青贮品质差异明显。主要与青贮玉米品种、栽培技术、收获时间、青贮加工处理方式及气候地理特征等因素有关。

3. 不同畜种、不同规模青贮质量差异较大

奶牛养殖企业的产业成熟度和养殖规模化程度明显高于肉牛养殖企业和肉羊养殖企业，导致对全株玉米青贮认知和需求匹配度不同，造成青贮质量差异。规模化奶牛场与小型养殖场之间全株玉米青贮质量差异较大，主要是由于小型养殖场种、收、贮等各个环节操作不规范，导致调制的全株玉米青贮质量差异较大。

（七）建议

1. 高度重视青贮生产

各省区在思想上要高度重视，充分认识青贮生产的重要性，积极开展青

贮技术学习与培训，不断提高青贮人员的技术水平和质量意识。

2. 加大推广GEAF技术规范

与省区技术推广单位和相关技术企业通力合作，开展区域性技术指导、技术培训、技术服务。一是继续在各省区建立示范基地，开展青贮技术培训、技术示范及推广，以点带面，辐射推广；二是继续举办GEAF大赛及区域性评鉴活动，推动青贮品质升级。

3. 加强针对性技术培训

针对不同规模、不同水平、不同区域牧场的实际问题，开展针对性培训，重点围绕收获时期把握、加工调制、质量评价、贮后管理等技术环节，提高一线技术人员技术能力。同时，摸索出适宜当地的青贮生产模式，提升区域全株玉米青贮质量水平。

四、全株玉米青贮安全现状

（一）全株玉米青贮安全概况

2023年，对全国17个省区200个牧场的全株玉米青贮进行霉菌毒素抽检。全株玉米青贮中黄曲霉毒素B_1、玉米赤霉烯酮、呕吐毒素、伏马毒素（B_1+B_2）、赭曲霉毒素A和T-2毒素检出值均低于国家标准限量值，未出现超标现象。跟踪评价样品中，赭曲霉毒素A和T-2毒素未检出，而黄曲霉毒素B_1、玉米赤霉烯酮、呕吐毒素、伏马毒素（B_1+B_2）含量平均值分别为0.8μg/kg、66.9μg/kg、813.5μg/kg、490.4μg/kg，其中黄曲霉毒素B_1、玉米赤霉烯酮、呕吐毒素和伏马毒素（B_1+B_2）比2022年分别降低27.3%、52.8%、27.6%和6.3%（表4-1、图4-1）。黄曲霉毒素B_1、玉米赤霉烯酮、呕吐素、伏马毒素（B_1+B_2）最大值分别为5.0μg/kg、938.3μg/kg、4 800.0μg/kg和5 440μg/kg，检出率分别为26.0%、41.0%、39.0%和48.0%，其中黄曲霉毒素B_1、呕吐毒素比2022年分别提高了15.8个百分点和2.5个百分点，但玉米赤霉烯酮和伏马毒素（B_1+B_2）降低了27.5个百分点和0.1个百分点（表4-1、图4-2）。

表4-1 全株玉米青贮霉菌毒素检测情况

项目	平均值（μg/kg）	最大值（μg/kg）	最小值（μg/kg）	检测限（μg/kg）	检出率（%）	国家限量标准[1]（μg/kg）	超标率（%）
黄曲霉毒素B_1	0.8	5.0	0	2.3	26.0	30.0	0
玉米赤霉烯酮	66.9	938.3	0	59.1	41.0	1 000.0	0
呕吐毒素	813.5	4 800.0	0	740.0	39.0	5 000.0	0
伏马毒素（B_1+B_2）	490.4	5 440.0	0	100.0	48.0	60 000.0	0

(续表)

项目	平均值（μg/kg）	最大值（μg/kg）	最小值（μg/kg）	检测限（μg/kg）	检出率（%）	国家限量标准[1]（μg/kg）	超标率（%）
赭曲霉毒素A	0	0	0	5.0	0	100.0	0
T-2毒素	0	0	0	5.0	0	500.0	0

注：[1]国家限量标准：参照GB 13078—2017《饲料卫生标准》。

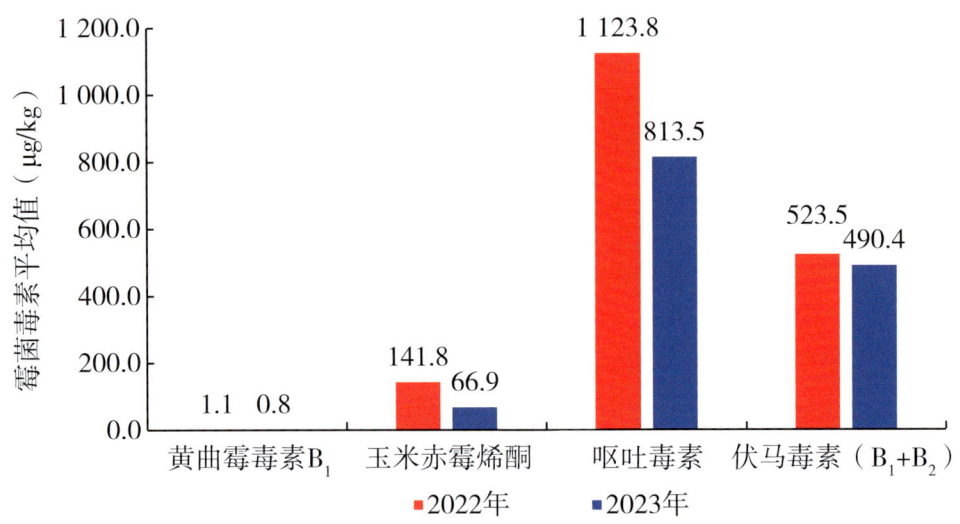

图4-1　2022—2023年全株玉米青贮霉菌毒素含量变化情况

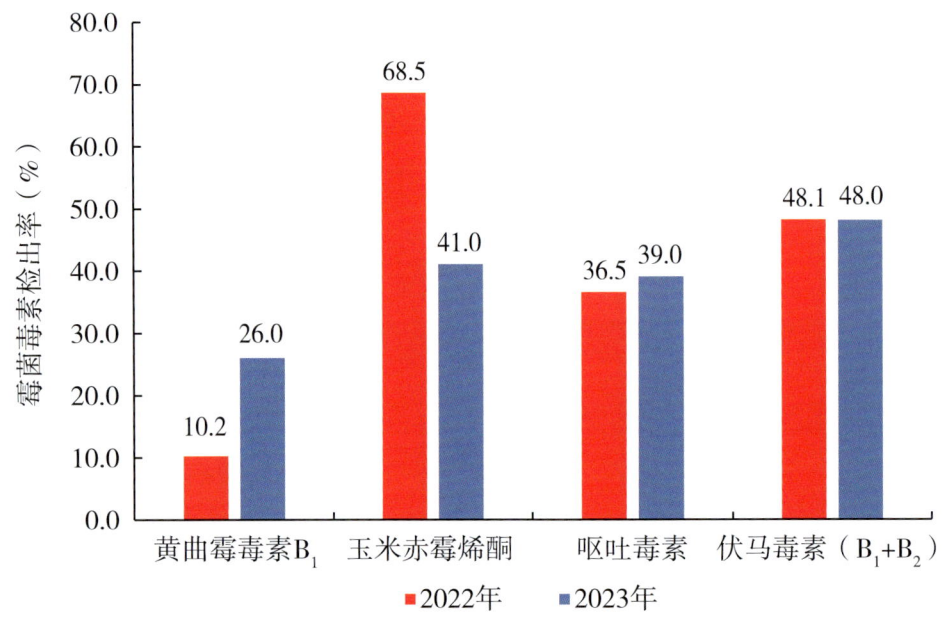

图4-2　2022—2023年全株玉米青贮霉菌毒素检测情况

（二）不同省区奶牛场全株玉米青贮安全现状

1. 黄曲霉毒素B_1

全株玉米青贮中黄曲霉毒素B_1含量平均值、最大值均低于国家限量标准，但除安徽、青海外，各省区黄曲霉毒素B_1均有检出。河北、山西、吉林、山东、广西、贵州、云南、宁夏、新疆9个省区黄曲霉毒素B_1检出率均高于25%，其中吉林和贵州两省黄曲霉毒素B_1检出率达到50%（表4-2）。黄曲霉毒素B_1作为玉米青贮饲料中常见霉菌毒素，需重点加强各省区全株玉米青贮中黄曲霉毒素B_1的监测。

表4-2 不同省区黄曲霉毒素B_1检测情况

省区	平均值（μg/kg）	最小值（μg/kg）	最大值（μg/kg）	检出率（%）	超标率（%）
河北	1.1	0	4.0	36.0	0
山西	1.0	0	4.0	30.0	0
内蒙古	0.8	0	4.0	22.2	0
辽宁	0.5	0	3.0	16.7	0
吉林	1.5	0	3.0	50.0	0
黑龙江	0.4	0	3.0	12.5	0
安徽	0	0	0	0	0
山东	0.9	0	4.0	27.3	0
河南	0.5	0	3.0	15.4	0
广西	1.0	0	3.0	33.3	0
贵州	1.5	0	3.0	50.0	0
云南	1.3	0	5.0	33.3	0
陕西	0.4	0	3.0	14.3	0
甘肃	0.6	0	3.0	21.4	0
青海	0	0	0	0	0
宁夏	1.0	0	4.0	28.6	0
新疆	1.2	0	4.0	35.7	0

2. 玉米赤霉烯酮

全株玉米青贮中玉米赤霉烯酮含量平均值、最大值均低于国家限量标准，但除广西外，各省区玉米赤霉烯酮均有检出。河北、山西、辽宁、吉林、黑龙江、安徽、山东、贵州、云南、陕西10个省玉米赤霉烯酮检出率高于50%，其中辽宁、黑龙江、贵州3个省全株玉米青贮中玉米赤霉烯酮检出率达到80%以上（表4-3），需重点加强各省区全株玉米青贮中玉米赤霉烯酮的监测。

表4-3　不同省区玉米赤霉烯酮检测情况

省区	平均值（μg/kg）	最小值（μg/kg）	最大值（μg/kg）	检出率（%）	超标率（%）
河北	142.1	0	398.5	76.0	0
山西	126.1	0	933.3	50.0	0
内蒙古	6.7	0	59.9	11.1	0
辽宁	285.9	0	626.5	83.3	0
吉林	105.0	0	209.9	50.0	0
黑龙江	67.3	0	86.7	87.5	0
安徽	37.1	0	86.3	50.0	0
山东	149.8	0	938.3	68.2	0
河南	20.1	0	84.9	26.9	0
广西	0	0	0	0	0
贵州	98.6	75.0	148.8	100.0	0
云南	46.3	0	135	50.0	0
陕西	70.8	0	258.8	57.1	0
甘肃	18.8	0	96.4	21.4	0
青海	12.0	0	60.2	20.0	0
宁夏	14.2	0	92.9	19.0	0
新疆	3.6	0	100.9	3.6	0

3. 呕吐毒素

全株玉米青贮中呕吐毒素平均值、最大值均低于国家限量标准，但除广西、贵州、青海外，各省区玉米赤霉烯酮均有检出。河北、山西、辽宁、吉林、黑龙江、安徽、山东、云南、陕西9个省检出率大于等于50%，其中辽宁、吉林、黑龙江、陕西4个省检出率超过80%（表4-4），需要进一步加强各省区全株玉米青贮中呕吐毒素的监测。

表4-4　不同省区呕吐毒素检测情况

省区	平均值（μg/kg）	最小值（μg/kg）	最大值（μg/kg）	检出率（%）	超标率（%）
河北	1 330.0	0	3 760.0	64.0	0
山西	1 570.0	0	4 800.0	50.0	0
内蒙古	193.3	0	920.0	22.2	0
辽宁	3 033.3	1 760.0	4 680.0	100.0	0
吉林	2 060.0	1 720.0	2 400.0	100.0	0
黑龙江	1 687.5	0	3 380.0	87.5	0
安徽	660.0	0	1 520.0	50.0	0
山东	1 393.6	0	4 660.0	59.1	0
河南	593.8	0	4 560.0	38.5	0
广西	0	0	0	0	0
贵州	0	0	0	0	0
云南	470.0	0	1 280.0	50.0	0
陕西	2 200.0	0	4 600.0	85.7	0
甘肃	528.6	0	3 460.0	28.6	0
青海	0	0	0	0	0
宁夏	49.5	0	1 040.0	4.8	0
新疆	30.7	0	860.0	39.3	0

4. 伏马毒素（B_1+B_2）

全株玉米青贮中伏马毒素（B_1+B_2）含量平均值、最大值均低于国家限量标准，但除黑龙江、广西、贵州、青海外，各省区伏马毒素（B_1+B_2）均有检出。河北、辽宁、吉林、安徽、山东、河南、陕西、宁夏8个省区检出率大于等于50%，其中山东检出率超过80%（表4-5），需要进一步加强各省区全株玉米青贮中伏马毒素（B_1+B_2）的监测。

表4-5　不同省区伏马毒素（B_1+B_2）检测情况

省区	平均值（μg/kg）	最小值（μg/kg）	最大值（μg/kg）	检出率（%）	超标率（%）
河北	506.4	0	2 600.0	56.0	0
山西	300.0	0	1 360.0	40.0	0
内蒙古	395.6	0	3 560.0	11.1	0
辽宁	546.7	0	1 160.0	66.7	0
吉林	480.0	0	960.0	50.0	0
黑龙江	0	0	0	0	0
安徽	260.0	0	620.0	50.0	0
山东	828.2	0	1 820.0	86.4	0
河南	1 215.4	0	5 440.0	73.1	0
广西	0	0	0	0	0
贵州	0	0	0	0	0
云南	133.3	0	800.0	16.7	0
陕西	445.7	0	1 320.0	57.1	0
甘肃	187.1	0	1 180.0	21.4	0
青海	0	0	0	0	0
宁夏	311.4	0	760.0	57.1	0
新疆	327.1	0	1 220.0	42.9	0

5.赭曲霉毒素A和T-2毒素

各省区的全株玉米青贮中赭曲霉毒素A和T-2毒素均未检出。

（三）存在问题

全株玉米青贮中黄曲霉毒素B_1、玉米赤霉烯酮、呕吐毒素、伏马毒素（B_1+B_2）、赭曲霉毒素A和T-2毒素均未出现超标现象。与2022年相比，黄曲霉毒素B_1、呕吐毒素检出率分别提高了15.8个百分点和2.5个百分点。主要原因：一是种植阶段青贮饲料被霉菌毒素污染；二是田间收获时留茬高度过低、收获时期不宜使青贮饲料受到霉菌毒素污染；三是因调制过程中运输时间过长、压窖或封窖不严等原因造成霉菌滋生；四是贮存不规范，雨水渗入或后期青贮饲料取用不当造成二次发酵等。

（四）建议

一是继续加大霉菌毒素监测。虽然全株玉米青贮饲料中霉菌毒素未出现超标现象，但黄曲霉毒素B_1、玉米赤霉烯酮、呕吐毒素、伏马毒素B_1均有检出，尤其是黄曲霉毒素B_1和呕吐毒素，相比于上年检出率升高，应当重点关注。继续扩大各省区对黄曲霉毒素B_1、玉米赤霉烯酮、呕吐毒素、伏马毒素B_1的监测范围，重点加强检出率高的省区的监测力度，加大监测数量和范围，同时也要加强对黄曲霉毒素B_1的关注。

二是加强优质青贮生产技术指导与培训。根据区域特点和需求，开展针对性指导培训，特别是霉菌毒素检出率高的省区，加强霉菌毒素的防控。加大对养殖企业尤其是小规模牧场和养殖户的技术培训，提高优质全株玉米青贮生产技术水平，提高青贮质量，降低青贮安全风险。

五、2024年全株玉米青贮质量安全工作重点

（一）持续加强全株玉米青贮质量安全跟踪评价

继续开展粮改饲省区全株玉米（苜蓿）青贮质量安全跟踪评价工作，增加高湿玉米青贮样品采集，实施粮改饲省区全覆盖采样，监测玉米（苜蓿/高湿玉米）青贮饲料营养指标、发酵指标、安全指标，完善青贮饲料近红外光谱数据库，同时加强粮改饲省区青贮饲料中霉菌毒素的监控。

（二）加快实施全株玉米青贮饲料质量分级体系

继续加快在粮改饲省区推广全株玉米青贮质量分级指数（CSQS），重点在河北、河南、宁夏、山东、黑龙江、云南、新疆等省区建立示范基地，以点带面，辐射推广CSQS体系，推动粮改饲省区将CSQS纳入地方技术推广体系，促进粮改饲高质量发展。

（三）继续加强粮改饲GEAF计划实施，推动草食畜牧业高质量发展

继续实施粮改饲GEAF计划，加强与各省区技术推广单位和相关技术企业通力合作，开展区域性技术指导、技术培训、技术服务。一是继续加大区域性省区优质青贮技术合作，开展青贮技术培训、技术示范及推广；二是加大青贮饲料报告数据解读推广力度，指导生产；三是举办GEAF大赛及区域性

评鉴活动，推动青贮品质升级。粮改饲GEAF计划的实施推进可进一步提升全株玉米青贮品质，推进青贮饲料标准化生产，带动畜牧业高质量发展。

（四）构建数字化青贮技术管理平台，促进优质青贮体系的推广应用

通过全面整合青贮服务产业全流程，应用数字化系统，实时监测收贮面积、产量等指标数据以及收贮车和运输车的运行状况，数据实时共享，构建数字化青贮技术管理平台，实现收贮流程可视化，收割数据可追溯，青贮管理数字化，推进青贮生产转型升级。

附件1

缩略符号表

中文全称	英文全称	英文缩写
干物质	Dry matter	DM
粗蛋白质	Crude protein	CP
中性洗涤纤维消化率	Neutral detergent fiber digestibility	NDFD
淀粉	Starch	Starch
粗脂肪	Ether extract	EE
全株玉米青贮质量指数	Corn silage quality index	CSQI
全株玉米青贮质量分级指数	Corn silage quality scoring index	CSQS

附件2

粮改饲—优质青贮行动计划（GEAF计划）

一、目的

为解决玉米青贮种、收、贮、用等技术环节存在的实际问题，全国畜牧总站和中国农业科学院北京畜牧兽医研究所联合组织实施粮改饲—优质青贮行动计划（GEAF计划），旨在提升玉米青贮品质，确保粮改饲实施效果，促进草食畜牧业高质量发展。

二、组织管理

粮改饲—优质青贮行动计划（GEAF计划）在农业农村部畜牧兽医局指导下，由全国畜牧总站和中国农业科学院北京畜牧兽医研究所具体组织实施，粮改饲省区各级畜牧行政主管部门和技术推广单位与生产企业配合。

三、实施内容

1. 技术推广服务团队

由畜牧技术推广单位、科研院所、高校、牧场及企业等专业技术人员组成优质青贮技术推广服务团队，各省区委派1名联络员。技术推广服务团队以示范基地为中心，开展GEAF技术集成、技术服务、技术指导和技术培训等。

2. 优质青贮行动计划示范基地

在粮改饲省区筛选示范点，建立优质青贮行动计划示范基地。筛选原则如下：

（1）每个粮改饲省区（包括北大荒农垦集团）推荐2～4个示范基地；示范基地必须是粮改饲补贴主体。

（2）示范基地涵盖不同养殖规模主体和专业收贮主体。奶牛存栏量不低于1 000头，单产不低于9吨；肉牛存栏量不低于300头；羊存栏量不低于1 000只；专业收贮主体年收贮量不低于3万吨。

3. 优质青贮行动计划技术规范体系

根据不同地区、不同积温带的特点，从种植、调制、评价、利用各个环节建立适宜的优质青贮GEAF规范体系，指导青贮饲料生产和推广应用。种植（Growing）：绿色高效青贮种植关键技术，包括青贮品种筛选、田间种植技术、田间管理技术；调制（Ensiling）：优质青贮饲料调制关键技术，包括收获时间判断、收刈技术、青贮运输、青贮发酵技术、压实和封窖技术；评价（Assessment）：优质青贮饲料质量评价体系，包括青贮感官指标、营养指标、发酵指标、卫生指标、有氧稳定性、籽实破碎指数评价等；利用（Feeding）：优质青贮饲料高效利用技术，包括青贮取料技术、淀粉利用率评价、TMR日粮配制技术。

4. 示范推广

以示范基地为中心，开展青贮种植关键技术、调制关键技术、质量评价体系和高效利用技术标准的示范观摩，并在粮改饲省区推广优质青贮GEAF规范体系，提高青贮饲料品质，确保粮改饲实施效果。

附件3

中国全株玉米青贮样品的采集与评价指标

一、中国全株玉米青贮样品采集情况

（一）采样数量

2023年，全年累计检测1 301批次全株玉米青贮样品，其中包括粮改饲省区抽样1 101批次和相关单位委托检测200批次。在粮改饲17个省区910个县中，进行全覆盖采样，共采集有效青贮样品1 101批次，其中河北124批次、山西3批次、内蒙古57批次、辽宁38批次、吉林4批次、黑龙江65批次、安徽19批次、山东187批次、河南147批次、广西15批次、贵州15批次、云南43批次、陕西49批次、甘肃83批次、青海18批次、宁夏75批次、新疆159批次；接收相关单位委托检测200批次。

（二）采集对象

规模化养殖场、养殖小区及青贮饲料专业生产企业。

（三）采样方法及流程

全株玉米青贮样品由优质青贮技术推广服务团队进行采样。具体采样方法、采样流程由中国农业科学院北京畜牧兽医研究所制定。

二、中国全株玉米青贮样品评价指标与方法

（一）评价指标

1. 质量指标

（1）营养指标：干物质（DM）、粗蛋白质（CP）、淀粉、30h中性洗涤纤维消化率（30h NDFD）和粗脂肪（EE）

（2）发酵指标：氨和乳酸含量

（3）全株玉米青贮质量分级指数（CSQS）

2. 安全卫生指标

（1）黄曲霉毒素B_1

（2）玉米赤霉烯酮

（3）呕吐毒素

（4）伏马毒素（B_1+B_2）

（5）赭曲霉毒素A

（6）T-2毒素

（二）检测方法

1. 质量指标

质量指标采用近红外光谱法分析（中国农业科学院北京畜牧兽医研究所，2018）。

2. 全株玉米青贮质量分级指数

以4个营养指标（粗蛋白质、30h中性洗涤纤维消化率、淀粉、粗脂肪）和2个发酵指标（氨、乳酸）为核心指标建立综合评分体系（中国农业科学院北京畜牧兽医研究所，2022）。

（三）安全卫生指标

霉菌毒素：参照国家饲料质量监督检验中心（北京）饲料中37种霉菌毒素测定标准操作指导书，采用液相色谱串联质谱法测定。